国际重要湿地
民权黄河故道湿地鸟类

李长看 李 杰 主编

河南科学技术出版社
·郑州·

图书在版编目（CIP）数据

国际重要湿地民权黄河故道湿地鸟类 / 李长看，李杰主编 .
—郑州：河南科学技术出版社，2021.11
　　ISBN 978-7-5725-0619-2

Ⅰ . ①国… Ⅱ . ①李…　②李…　Ⅲ . ①黄河流域—沼泽化地—
鸟类—介绍—民权县 Ⅳ . ① Q959.7

中国版本图书馆 CIP 数据核字 (2021) 第 233477 号

出版发行：河南科学技术出版社
　　　　　地址：郑州市郑东新区祥盛街 27 号　邮编：450016
　　　　　电话：（0371）65737028　65788613
　　　　　网址：www.hnstp.cn
策划编辑：杨秀芳
责任编辑：杨秀芳
责任校对：梁晓婷
整体设计：张　伟
责任印制：朱　飞
印　　刷：河南瑞之光印刷股份有限公司
经　　销：全国新华书店
开　　本：787 mm×1 092 mm　1/16　　印张：17.5　　字数：420 千字
版　　次：2021 年 11 月第 1 版　2021 年 11 月第 1 次印刷
定　　价：150.00 元

如发现印、装质量问题，请与出版社联系并调换。

本书编委会

主　　任　张团结　王静娴
副 主 任　蔡　勇　张士彬　韩德勇

主　　编　李长看　李　杰
副 主 编　李忠信　张　玮　马　超　邓培渊
编写人员　耿思玉　万文侠　李　帅　张艺凡　刘海霞
　　　　　杨海廷　耿远东　付　萍　张书芹　李志超
　　　　　白瑞霞　孔庆寒　李梓雯　李菁钰　陈　畅
　　　　　吴书展

摄　　影　李长看　王争亚　杨旭东　李艳霞　蔺艳芳
　　　　　郭　文　王恒瑞　马继山　李振中　陈　海
　　　　　刘东洋　赵宗英　郭　杰　陈　畅　李菁钰
　　　　　马　超　闫国伟　肖书平　乔春平　李全民
　　　　　律国建　方太命　钟福生　耿思玉　张　岩
　　　　　朱笑然　黑　宝等

中华秋沙鸭（摄影　李长看）

序 言

2020 年 10 月，在参加"民权黄河故道国际重要湿地生态保护和高质量发展论坛"期间，河南省知名鸟类专家、郑州师范学院教授、本书的第一主编李长看告诉我，他和相关人员正在编撰一本反映民权黄河故道湿地鸟类的专著，并提议届时由我为该书写个序。说实在的，当时我真以为这是李教授的玩笑之言，因而压根就没往心里去。由于未太当真，时间一久，我也就渐渐淡忘了这件事情。

牛年春节刚过，李长看教授专门来到我处，将其与他人合作即将出版的这本专著的文稿送到了我的案头，并郑重其事地再次嘱我为该书写序。面对这份信任，我虽然有些惶恐和犹豫，但情之所至，诚意难却，我感到无法再推辞了，不论是于公还是于私，我唯有迎难而上、勇往直前了。于是，便有了这篇拉拉杂杂的文字。

我与李长看教授因工作关系而结识，因保护野生鸟类而结缘。最初的认识，则要追溯到十多年之前了。当时我在河南省生态环境厅分管自然生态工作，同时兼任河南省自然保护区评审委员会主任。而李长看教授在郑州师范学院从事生物学的教学工作，同时他也是河南省自然保护区评审委员会的成员。当时凡遇上与自然保护区和生物多样性保护有关的建设项目，评审委员会都要专门召开会议研究审议。在每次会议中，李长看教授严谨、务实的作风均给我留下了极其深刻的印象。尤其一些项目在审议过程中保护与建设的矛盾难以把握和权衡时，李长看教授都会高屋建瓴地给出一些十分专业、精准的真知灼见，为环境保护和项目建设的双赢找到一个最大的公约数。

2014 年，我从厅领导岗位上退休至一个省级生态环保社会组织继续发挥余热，或许是过去多年从事自然生态保护工作的情怀所至，我对生物多样性，尤其是野生鸟类的观察与保护产生了极大的热情。而李长看教授恰恰是河南省鸟类研究的知名专家，多年来他对鸟类的研究倾注了极大的心血且成果等身。因为有经常向他请教的需求而使得我们保持了经常性的接触和交往。多年的接触和交往，使我受益颇多，除了从他那儿学到了诸多野生鸟类保护的相关科学知识外，更重要的是感受到了他那高尚的人格魅力，尤其是处在当下喧嚣浮躁的社会环境中，李长看教授在一个相对冷门的学科里默默做事，孜孜以求，实属难能可贵。

河南省处于中国南北地理的分界线上，位于亚热带和暖温带之间。在这方土地上，有茂密的森林、幽静的湖泊、丰美的湿地，再加之这些年来自然生态环境的逐步改善，各种鸟儿有了一处处良好的繁衍栖息地。而在作为河南省境内唯一一处国际重要湿地的民权黄河故道湿地范围内，发现记录到的鸟种就达160余种，其中不乏列入国家一、二级野生动物重点保护名录的青头潜鸭、黑鹳、东方白鹳、震旦鸦雀等珍稀鸟种。这本专著对生活栖息在这一区域内的160余种鸟的形态特征、生活习性及保护等级均做了图文并茂的详尽介绍。我以为，在国家大力倡导人与自然和谐相处、推进生物多样性保护的今天，这本专著的出版发行，无疑正当其时，恰逢良机。相信本书的问世和传播，对于唤起公众识鸟、爱鸟、护鸟的热情，普及野生鸟类的知识，推动当地政府、公众更好地珍惜、保护弥足珍贵的湿地和鸟类资源，推进生态文明建设都将是大有裨益的。

事非经过不知难。本书的问世，凝结了李长看教授和其他相关人员多年的心血、汗水和智慧。据我所知，为了掌握、收集更多的第一手资料，李长看教授曾经无数次深入民权黄河故道湿地，夏日不顾烈日酷暑、蚊叮虫咬，冬天冒着三九严寒、冰雪风霜，忍受着常人难以忍受的艰辛，付出了他人难以想象的辛劳。其挚爱本职、殚精竭虑、勤勉做事的精神，充分体现了一名野生鸟类研究专业人员所具备的敬业精神和职业素养。当我们手捧书卷、分享学术成果的时候，无疑应当对书的作者为之所付出的辛勤劳动表达真挚的敬意！

屈指算来，自己从事文字工作已有三十多年了，但为他人的著作作序，尤其是为一本介绍鸟类知识的专著作序，这还真是第一次。水平所限，故此短文中浅陋之见或词不达意之处定在所难免，唯此，诚望得到作者的海涵及读者的见谅。

末了，值得一提的是，在这本书即将付梓之际，笔者作为一名评委，有幸参加了"河南省出彩环保人"的评选活动。李长看教授最终以感人的事迹赢得了全体评委的认可，获得了"河南出彩环保人"杰出奖的殊荣。我想，这个荣誉应该是对李长看教授长期以来潜心致力于野生鸟类研究和保护工作所付出的最好的肯定与回报，我们应当向他表示由衷的祝贺！

王争亚

农历辛丑年春日写于郑州

前　言

人类自诞生以来，在适应自然界的过程中与鸟类结下了不解之缘。人类文明诸多方面都曾受到鸟类的深刻影响。《诗经》"天命玄鸟，降而生商"，即言"鸟"为殷商的"图腾"。古人在长期生产实践过程中认识到鸟类的习性及保护鸟类的意义。如"覆巢毁卵，而凤凰不翔"；而"劝君莫打三春鸟，子在巢中盼母归"更是动之以情、晓之以理，彰显了我国古代的爱鸟、护鸟思想。"两个黄鹂鸣翠柳，一行白鹭上青天"既是动人的诗，又是绝妙的画。"鹰击长空，鱼翔浅底，万类霜天竞自由"，更是鸟类追求自由的象征。试想如果没有莺歌燕舞，我们的生活将是怎样一幅景象！

鸟类不仅对人类的精神文明以启迪，而且造福于人类。鸟类对森林、农业虫害的防治，鸟类对鼠类的捕食作用，已越来越受到人类的认可与关注。而人类正是从鸟类飞行中得到启迪，研制出飞机，圆了蓝天梦。

目前，鸟类的生存状况不容乐观，全世界约 10 945 种鸟类，其中 1 029 种是濒危鸟。自 16 世纪以来，已有 150 余种鸟绝灭。一个基因，影响一个国家的经济命脉；一个物种，关系一个国家的发展前途。而任何一种鸟的绝灭都是灾难性的、不可挽回的损失。栖息地环境破坏、过度捕猎、环境污染是鸟类三大杀手。

随着黄河流域生态保护和高质量发展的持续推动，民权黄河故道国际重要湿地成为世界极危鸟类青头潜鸭的诺亚方舟。本书参照郑光美先生主编的《中国鸟类分类与分布名录》第三版为体系，记录鸟类 17 目 50 科 162 种。其中国家一级保护鸟类 6 种，国家二级保护鸟类 29 种。不仅有矫健的雄鹰、美丽的天鹅、巧嘴的八哥、忠贞的鸳鸯，而且还有森林医生啄木鸟、除蝗能手灰椋鸟……每种鸟都配有简要的文字介绍，联系悠远的鸟文化，精美的图片，展现生命之美丽。"鹬蚌相争""风声鹤唳""莺歌燕舞"……大家耳熟能详的典故中的主角都在本书中现身。

本书是科研人员对民权黄河故道湿地监测、研究的结晶。撰写的过程中，得到河南省野生鸟类观察学会会员的鼎力相助，给我们提供了图片信息等，河南省环保厅原主管自然生态的副厅长王争亚先生为本书作序，在此一并致谢。

鸟类保护水平、关注程度的高低是衡量生态文明建设的重要指标。愿本书能引导更多人士认识湿地，认识鸟类，增强人们"爱鸟、护鸟从我做起，从现在做起"的责任感与使命感！

本书可作为鸟类研究与保护工作图鉴，亦可作为观鸟、摄鸟人士的参考书。

囿于编者水平，书中疏漏与不当之处敬请读者指正！

编　者

2021 年 2 月 19 日

目　录

第一部分
认识鸟类与科学观鸟

鹭科鸟类（摄影　郭杰）

一、鸟类的外部形态

（一）鸟体各部位名称

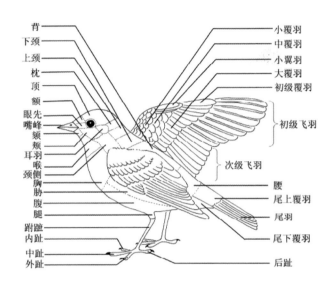

（二）鸟体的测量

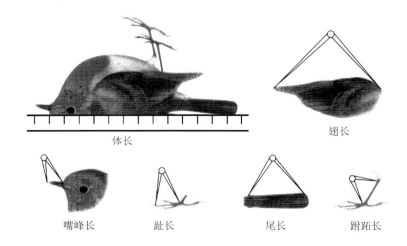

体长

翅长

嘴峰长　　趾长　　尾长　　跗跖长

二、鸟类的生态类群

如果按照系统分类的方法去认识鸟类，可谓大海捞针，极具难度。而若从生态类群的角度入手，则简便而有效。当你在野外看到一只鸟时，不一定能叫出它的名字，更难以判断其分类地位（目、科、属），但通过观察、比较，就可以确定它所属的生态类群，再借助图鉴、请教专家，就可以比较简便地鉴定出鸟种。

鸟类生态类群可分为 8 个，其中平胸总目 1 个（鸵鸟类），企鹅总目 1 个（企鹅类），突胸总目 6 个（游禽类、涉禽类、猛禽类、攀禽类、陆禽类和鸣禽类），鸵鸟类和企鹅类在中国无自然分布。

【游禽类】

识别特征：翼发达，足具蹼，善于游泳、潜水、迁飞。常在水上漂浮，在水中觅食，绒羽厚密，尾脂腺发达，防护羽衣不易被水浸湿。嘴形或扁或尖，适于在水中滤食或啄鱼。

代表目：雁形目、鸥形目、䴙䴘目、鲣鸟目等。

代表种：大天鹅、青头潜鸭、凤头䴙䴘、黑喉潜鸟等。

疣鼻天鹅（摄影 白瑞霞）

【涉禽类】

识别特征：通常具有喙长、颈长、后肢（腿和脚）长的特点，趾间蹼膜退化，大都不善于游泳，常站立在浅水中捕食和活动，适于涉水生活。

代表目：鹳形目、鹤形目、鸻形目等。

苍鹭（摄影 刘东洋）

代表种：东方白鹳、苍鹭、黑翅长脚鹬等。

【猛禽类】

识别特征：喙和爪粗壮、锐利，带钩，视觉器官发达，具有较强的飞行能力，适于抓捕猎物，多以捕食动物为生。

代表目：隼形目、鹰形目、鸮形目等。

代表种：红隼、普通鵟、长耳鸮等。

高山兀鹫（摄影 李长看）

【攀禽类】

识别特征：趾为对趾型、并趾型、前趾型，适于在岩壁、树干、土壁等处攀缘生活，绝大多数为森林益鸟。

代表目：鹦鹉目、夜鹰目、犀鸟目、佛法僧目、啄木鸟目等。

代表种：绯胸鹦鹉、夜鹰、戴胜、灰头绿啄木鸟等。

戴胜（摄影 李长看）

【陆禽类】

识别特征：通常后肢健壮，翅短圆，不善飞翔，适于在地面行走。喙强壮，多为弓形，适于在地面啄食。

代表目：鸡形目、鸽形目等。

代表种：红腹锦鸡、珠颈斑鸠等。

红腹锦鸡（摄影　蔺艳芳）

【鸣禽类】

识别特征：足为离趾型，巧于营巢；鸣肌和鸣管发达，善于鸣啭。有复杂多变的繁殖行为；雏鸟多晚成性，需在巢中由亲鸟哺育才能正常发育。

代表目：雀形目。

代表种：麻雀、喜鹊、东方大苇莺等。

东方大苇莺（摄影　李长看）

【鸵鸟类】

识别特征：翼退化，体表无羽区和裸区之分，羽支不具羽小钩，不形成羽片。胸骨不具龙骨突起，无飞翔能力。不具尾综骨及尾脂腺，后肢粗大，适于奔走。雄鸟具有发达的交配器。

代表目：鸵形目、美洲鸵鸟目等。

代表种：非洲鸵鸟、鹬鸵

非洲鸵鸟

等。

【企鹅类】

识别特征：前肢成鳍状，后肢短，置于躯体后方，足具4趾，前3趾间具蹼，游泳迅速。羽毛呈鳞片状，密接体表，呈覆瓦状排列，不具飞翔能力。皮下脂肪发达，有利于保持体温。龙骨突发达，适于划水。

代表目：企鹅目。

代表种：王企鹅、帝企鹅、阿德利企鹅等。

斑嘴环企鹅

三、鸟类的居留类型

鸟类的迁徙是对改变的环境条件的一种积极的适应本能，是每年在繁殖区与越冬区之间的周期性的迁居行为。根据鸟类是否迁徙和迁徙习性的不同，鸟类可分为留鸟和候鸟。根据候鸟在某一地区的旅居情况，又可以分为夏候鸟、冬候鸟和旅鸟。

留鸟：终年留居在出生地，不进行迁徙的鸟。如麻雀、喜鹊等。

候鸟：每年随季节不同在繁殖区与越冬区之间进行迁徙的鸟。分为夏候鸟、冬候鸟和旅鸟。

夏候鸟：夏季在某一地区繁殖，秋季离开到南方较温暖地区越冬，第二年春天又返回这一地区繁殖的候鸟，就该地区而言，称夏候鸟。例如，家燕、杜鹃等为河南地区的夏候鸟。

冬候鸟：在某一地区越冬，第二年春季飞往北方繁殖，秋季又飞回这一地区越冬的候鸟，就该地区而言，称冬候鸟。例如，大天鹅、绿头鸭等为河南地区的冬候鸟。

旅鸟：候鸟迁徙时，仅在春秋季节迁徙途中经过本地，不在此地区繁殖或越冬的鸟。例如，小天鹅、白额雁等为河南地区的旅鸟。

四、鸟类的分类

全世界已知现存的鸟类有 10 945 种，分为 3 个总目 33 目约 200 科。我国有 26 目 109 科 1 445 种，其中中国特有鸟类 93 种。根据是否具有与飞行生活相适应的身体结构，鸟纲分为平胸总目、企鹅总目、突胸总目。中国自然分布的鸟类全部属于突胸总目，以黄鹡鸰分类地位为例加以说明，见"鸟类分类地位图"。

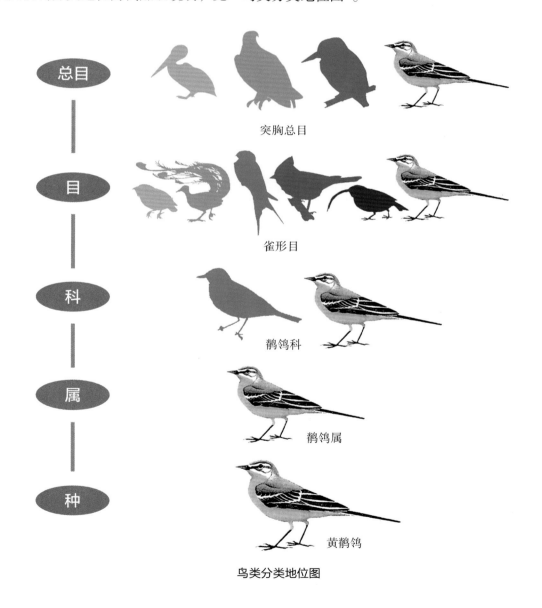

鸟类分类地位图

五、中国动物的地理区划

动物区系是指在一定历史条件下，由于地理隔离和分布区特性所形成的动物类群总体。在不同的地理环境中，经过长期独立演化，不同大陆都形成了独特的生物区系。世界陆地动物区系可划分为六个界，即澳洲界、新热带界、埃塞俄比亚界（热带界）、东洋界、古北界和新北界。

中国陆地动物分属于古北界和东洋界两大区系，详见下表。

中国动物的地理区划表

界	区	亚区	自然区划
古北界	东北区	大兴安岭亚区	针叶林地带
		长白山亚区	针叶与落叶阔叶混交林地带
		松辽平原亚区	森林草原、草甸草原地带
	华北区	黄淮平原亚区	落叶阔叶与森林草原地带
		黄土高原亚区	
	蒙新区	东部草原亚区	干草原地带
		西部荒漠亚区	荒漠与半荒漠地带
		天山山地亚区	山地森林、森林草原地带
	青藏区	羌塘高原亚区	草甸草原、草甸与高寒荒漠地带
		青海藏南亚区	森林、草甸与草甸草原地带
东洋界	西南区	西南山地亚区	山地草甸与山地森林地带
		喜马拉雅亚区	
	华中区	东部丘陵平原亚区	东部落叶阔叶、常绿阔叶混交林及常绿阔叶林地带
		西部山地高原亚区	
	华南区	闽广沿海亚区	南亚热带常绿阔叶林及东部热带季雨林地带
		滇南山地亚区	西部热带季雨林地带
		海南岛亚区	热带季雨林地带
		台湾亚区	热带雨林及山地南、中亚热带常绿阔叶林地带
		南海诸岛亚区	海洋性热带岛屿森林地带

第二部分
民权黄河故道湿地概述

青头潜鸭（摄影　陈海）

黄河是中华民族的母亲河，孕育了灿烂的中华文明。民权黄河故道是清咸丰五年（1855 年）黄河改道遗留下来的旧河道，今天已成为黄河流域生态保护与高质量发展的典范。黄河故道湿地具有重要的水源涵养和水质净化功能，对维持人口稠密的豫东地区区域生态系统和促进地方经济发展有着重要价值，是中原人口稠密地区极其珍稀的湿地资源。

2019 年民权黄河故道国家湿地公园通过国家验收；2020 年民权黄河故道湿地符合《关于特别是作为水禽栖息地的国际重要湿地公约》评估标准，被国家林业和草原局认定并提出申请，由联合国湿地公约组织秘书处批准为国际重要湿地——填补了河南省国际重要湿地空白，开拓了湿地保护的新局面。

一、民权黄河故道湿地自然地理

民权黄河故道湿地位于华北平原中南部，东距商丘 55 km，西距省会郑州 151 km。以黄河故道为主体，包括引黄河道及鲲鹏湖、秋水湖、龙泽湖。规划范围四至界限为北至西张庄、南至王庄、东至吴屯大坝、西至马庄，由西北向东南呈带状走向，规划总面积 2 303.5 hm²。四至地理坐标为东经 115°11′56″ ~ 115°25′41″，北纬 34°37′16″ ~ 34°42′48″。今属淮河水系，长 52.4 km，水面平均宽约 1 000 m，平均水

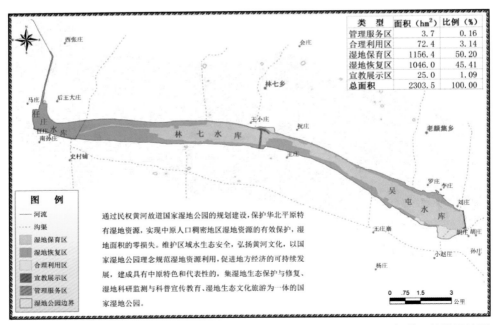

民权黄河故道湿地图

深 3m。水源来自汛期地表径流、引黄水和地下水。规划区县境内主要河流及流域面积大于 10 km² 的支流沟河均为雨源型河流，多年平均地表径流量为 0.664 6 亿 m³，比降小，泄水迟缓。

二、民权黄河故道湿地物种资源

民权黄河故道湿地在中国动物地理区划中位于古北界、华北区、黄淮平原亚区（Ⅱb）。因其位于我国 3 条候鸟迁徙路线的中线东部边缘，是重要的候鸟越冬地和停歇地。湿地公园系典型的河流湿地，含有水域、沙洲、沼泽、滩涂、灌丛、草甸等各种湿地类型。区内维管束植物较多，植物适生面广；水生藻类资源丰富，分布广泛；芦苇、香蒲、莲藕等挺水植物丰富多样；周边农田广袤、农作物品种丰富。湿地分布有 4 个植被型组，8 个植被型，39 个群系，分布有维管束植物 81 科，197 种，其中湿地植物 42 科，132 种。

生境的多样性和丰富的野生动植物资源，为鸟类提供了良好的栖息、觅食环境。民权黄河故道湿地分布有 17 目、50 科、162 种鸟类。其中国家一级保护鸟类有青头潜鸭（*Aythya baeri*）、中华秋沙鸭（*Mergus squamatus*）、黑鹳（*Ciconia nigra*）、东方白鹳（*Ciconia boyciana*）、卷羽鹈鹕（*Pelecanus crispus*）、白枕鹤（*Grus vipio*）共 6 种，大天鹅（*Cygnus cygnus*）、小天鹅（*Cygnus columbianus*）、黑翅鸢（*Elanus caeruleus*）、纵纹腹小鸮（*Athene noctua*）、震旦鸦雀（*Paradoxornis heudei*）等国家二级保护鸟类29 种。

三、民权黄河故道湿地旗舰物种——青头潜鸭

青头潜鸭，曾广泛分布于东亚，因数量急剧下降，1994 年被世界自然保护联盟列入易危物种，2008 年升格为濒危物种，2013 年被列入《世界自然保护联盟濒危物种红色名录》ver3.1——极危物种，2021 年被列入国家一级重点保护动物名录。

世界极危鸟类青头潜鸭在全球有不超过 700 只成熟个体。近几年，在传统越冬地孟加拉国、缅甸、泰国都没有监测到较大的越冬青头潜鸭种群。2019 年，青头潜鸭在中国之外的野生个体数量仅约为 20 只，主要分布在中国。中国对于青头潜鸭这一极危物种的存亡起着决定性的作用。

2017年1月，民权黄河故道国家湿地公园首次监测到青头潜鸭，目前已形成较为稳定的繁殖种群，监测统计最大越冬种群为186只，数量位居中国前三。民权黄河故道国际湿地公园系全球青头潜鸭最主要的栖息地、繁殖地之一。在河南省林业局的协调下，研究团队积极推动青头潜鸭的监测、研究、保护工作，勠力打造青头潜鸭的诺亚方舟。

民权黄河故道湿地生境

鹭科鸟类（摄影　郭杰）

东方白鹳（摄影 马超）

第三部分
民权黄河故道湿地鸟类分类

青头潜鸭（摄影　马超）

一、鸡形目 | **Galliformes**

陆禽。通常把体型较大的种统称为"鸡"，体型较小的种称为"鹑"。体结实，喙短，呈圆锥形，适于啄食植物种子；翼短圆，不善远飞；腿、脚强健，爪钝，善于行走和掘地寻食；有的跗跖后缘具距。多雌雄异色，雄鸟具大的肉冠和美丽的羽毛。一雌多雄，雄鸟有复杂的求偶炫耀行为，多筑地面巢，雏鸟早成性。

世界性分布，大多为留鸟。包括6科83属302种。中国已记录2科63种，特有种19种，是世界上雉类资源最丰富的国家，堪称雉鸡王国。民权黄河故道湿地分布有1科2种。

环颈雉（摄影　王争亚）

（一）雉科 Phasianidae

1. 鹌鹑 *Coturnix japonica*

【保护级别】三有鸟类[1]。

【形态特征】鹑类，体小，仅约 20 cm。上体褐色，具黑色横斑及皮黄色矛状长条纹，下体皮黄色，胸及两胁具黑色条纹。喙灰色，头具条纹，眉纹灰白色。繁殖期雄鸟脸、喉及上胸栗色。

【生活习性】主要栖息于近水山地、农田和低矮草地。性善隐匿，多成小群活动。植食性，主要吃杂草种子、豆类、谷物、浆果、嫩叶和嫩芽等，夏季也捕食昆虫及其幼虫。

民权黄河故道湿地观测及分析

民权黄河故道湿地有零星分布，为留鸟。

鹌鹑（摄影 王恒瑞）

1 三有鸟类指国家保护的有益的或者有重要经济、科学研究价值的鸟类。

2. 环颈雉 *Phasianus colchicus*

【保护级别】三有鸟类。

【形态特征】鸡类，体长 50~86 cm。雌雄异色。雄鸟羽色华丽，颈部紫绿色具金属光泽并有白色颈环，尾羽长且具黑色横斑；雌鸟羽色暗淡，尾羽较短。

【生活习性】主要栖息于丘陵，山区灌丛、草丛，依山的庄稼地，江河湖边的芦苇丛等，食植物种子、果实、嫩叶，亦食昆虫等。

民权黄河故道湿地观测及分析

民权黄河故道湿地有较大种群分布，为留鸟。

雉科

Phasianidae

环颈雉（雄性）（摄影　杨旭东）

环颈雉（雌性）（摄影　简艳芳）

二、雁形目 | Anseriformes

　　游禽。喙扁平似鸭，先端有"嘴甲"，喙缘具栉板以滤食；前3趾间具蹼，后趾退化，较前趾位高；翅部有绿色、紫色、白色翼镜；雄鸟具交配器官。雌雄同色或异色。筑地面巢或洞巢，雏鸟早成性。

　　世界性分布，繁殖于北半球，南迁越冬。雁形目包括3科56属178种。中国分布有1科23属54种，民权黄河故道湿地分布有1科26种。

青头潜鸭（摄影　陈畅）

（二）鸭科 Anatidae

3. 鸿雁 *Anser cygnoid*

【保护级别】国家二级保护鸟类。

【形态特征】体长 88 cm，为体大颈长的雁类。上体灰褐色但羽缘皮黄色；嘴黑色且长，与前额成一条直线，嘴基环绕一道狭窄白带；飞羽黑色；臀部近白色。虹膜褐色；脚深橘黄色。

【生活习性】主要栖息于江河、湖泊及附近农田地区。主食植物性食物，兼食动物性食物。喜群居，飞行时作典型雁叫，为升调的拖长音。

鸿雁（摄影　李长看）

民权黄河故道湿地有较大种群分布，为冬候鸟。

鸿雁（摄影 李菁钰）

鸿雁（摄影 李菁钰）

4. 豆雁 *Anser fabalis*

【保护级别】三有鸟类。

【形态特征】大型雁类，体长 69~80 cm，体重约 3 kg。上体灰褐色或棕褐色，下体污白色；嘴黑褐色，具橘黄色带斑，得名"豆雁"。虹膜褐色；脚橙黄色；爪黑色。

【生活习性】主要栖息于开阔平原草地、沼泽、水库、江河、湖泊及沿海海岸和附近农田地区。飞行时双翼拍打用力，振翅频率高。喜群居，飞行时成"一"字形、"人"字形等队列。以植物性食物为主，吃果实与种子，少量动物性食物。为一夫一妻制，雌雄共同参与雏鸟的养育。历代多有赞颂，如"风翻白浪花千片，雁点青天字一行"（白居易）。

民权黄河故道湿地观测及分析

民权黄河故道湿地有千只以上较大种群分布，系该区域主要越冬鸟类，为冬候鸟。

豆雁（摄影　闫国伟）

豆雁（摄影　马超）

鸭科

Anatidae

5. 灰雁 *Anser anser*

【保护级别】三有鸟类。

【形态特征】体长 70~90 cm，是体大而肥胖的灰褐色雁。粉红色的嘴和脚为本种特征。上体灰褐色，下体污白色，飞行时双翼拍打用力，振翅频率高。虹膜褐色。

民权黄河故道湿地观测及分析

民权黄河故道湿地有较大种群分布，为冬候鸟。

灰雁（摄影　王恒瑞）

【**生活习性**】喜群居，飞行时成有序的队列，有"一"字形、"人"字形等。主要栖息在不同生境的淡水中，主食植物的根、茎、叶、嫩芽、果实和种子等，也吃螺、虾、昆虫等小型动物。为一夫一妻制，雌雄共同参与雏鸟的养育。

灰雁（摄影　王恒瑞）

鸭科

Anatidae

6. 小白额雁 *Anser erythropus*

【保护级别】国家二级保护鸟类。

【形态特征】体长 62 cm，中等体型的灰色雁。嘴较短，环嘴基有白斑延伸至额部而得名；腹部具近黑色斑块；飞行时两翼显长且振翅较快。虹膜深褐色；嘴粉红色；脚橘黄色。

【生活习性】主要繁殖于北极苔原，栖息于开阔地带，以及山区的缓坡和湖泊。中国境内于东部的疏树草原及农田越冬。

民权黄河故道湿地观测及分析

民权黄河故道湿地罕见，为旅鸟。

小白额雁（摄影 李长看）

7. 小天鹅 *Cygnus columbianus*

【保护级别】国家二级保护鸟类。

【形态特征】体长 140 cm，较高大的白色天鹅。雌鸟略小。体羽洁白，头部稍带棕黄色。与大天鹅最显著的区别是小天鹅嘴黄色仅限于嘴基的两侧，沿嘴缘不延伸到鼻孔以下。虹膜褐色；嘴黑色，带黄色嘴基；脚黑色。

【生活习性】栖居于多芦苇和水草的开阔的大型湖泊及大型河流。主要以水生植物的根、茎、叶、籽为食，也吃小型无脊椎动物等。善高飞，飞行时成"V"字形。杜甫以"举头向苍天，安得骑鸿鹄"抒发高尚情怀。

小天鹅（摄影　李长看）

民权黄河故道湿地观测及分析

　　民权黄河故道湿地有少量分布，为旅鸟。越冬季的 11 月，次年 2 月下旬至 3 月上旬，都会观察到数量不等的小天鹅在此经停。

小天鹅（摄影　李长看）

8. 大天鹅 *Cygnus cygnus*

【保护级别】国家二级保护鸟类。

【形态特征】体长 155 cm，体型高大的白色天鹅。嘴黑色，嘴基有大片黄色。黄色延至上喙侧缘成尖。比小天鹅体型大；游水时颈部较疣鼻天鹅为直，亚成体羽色较疣鼻天鹅更为单调，嘴色亦淡。虹膜褐色；脚黑色。

【生活习性】繁殖于北方湖泊的苇地，结群南迁越冬。栖息于水生植物丰富的大型湖泊、水库，以水生植物为食，兼食水生动物。常聚群活动，结群飞行时成"V"形，善飞，可达 9 000 m 高空，飞行时较安静。古代称"鸿鹄"，陈胜曾说"燕雀安知鸿鹄之志哉！"（出自《史记》）

民权黄河故道湿地观测及分析

民权黄河故道湿地有分布，为旅鸟。

大天鹅（摄影　李长看）

大天鹅（摄影　王恒瑞）

鸭科

Anatidae

9. 翘鼻麻鸭 *Tadorna tadorna*

【保护级别】三有鸟类。

【形态特征】体长约 60 cm，具醒目色彩的黑白色鸭。头部暗绿色，嘴及额基部隆起的皮质肉瘤鲜红色。胸部具有一条栗色横带，肩羽、飞羽、尾羽末端和腹部中央的纵带均为黑色，其余体羽白色。虹膜浅褐色；脚红色。

翘鼻麻鸭（摄影　张岩）

【**生活习性**】主要栖息于湖泊、河流、沼泽、沿海泥滩和河口等地。飞行疾速，两翅扇动较快。喜成群生活，尤其是越冬季。主食水生无脊椎动物，兼食小型鱼类和植物。

民权黄河故道湿地观测及分析

民权黄河故道湿地有分布，为旅鸟。

翘鼻麻鸭（摄影 郭文）

10. 赤麻鸭 *Tadorna ferruginea*

【保护级别】三有鸟类。

【形态特征】体长约 60 cm，橙栗色鸭类。通体黄褐色，雌雄羽色基本相同。雄鸟头顶棕白色；颊、喉、前颈及颈侧淡棕黄色；夏季有狭窄的黑色领圈。飞行时白色的翅上覆羽、铜绿色翼镜显著。虹膜褐色；嘴近黑色；脚黑色。

【生活习性】栖息于江河、湖泊及其附近的荒地、农田等各类生境中。非繁殖期以家族群和小群生活，集数十、近百只大群。主食水生植物叶、芽、种子，农作物幼苗、谷物等，兼食昆虫、甲壳动物、软体动物等。

民权黄河故道湿地观测及分析

民权黄河故道湿地有较大种群分布，为冬候鸟。

赤麻鸭（摄影　李长看）

赤麻鸭（左雄、右雌）（摄影　蔺艳芳）

11. 鸳鸯 *Aix galericulata*

【保护级别】国家二级保护鸟类；全球性近危。

【形态特征】体长约 40 cm。雌雄异色。雄鸟有醒目的白色眉纹，金色颈，背部长羽以及拢翼后可直立的独特的棕黄色炫耀性帆状饰羽。雌鸟头和整个上体灰褐色，眼周白色，眉纹白色，亦极为醒目和独特。雄鸟的非婚羽似雌鸟。虹膜褐色；雄鸟嘴红色，雌鸟嘴灰色；脚近黄色。

鸳鸯（摄影 王争亚）

【**生活习性**】栖息于偏僻的沼泽、河滩；性机警，杂食性，主食水生植物，兼食小型动物。营巢于水边的树洞中。

民权黄河故道湿地观测及分析

民权黄河故道湿地有少量分布，为旅鸟或夏候鸟。

鸳鸯（左雌、右雄）（摄影　简艳芳）

鸭科

Anatidae

12. 棉凫 *Nettapus coromandelianus*

【保护级别】国家二级保护鸟类。

【形态特征】体长约 30 cm，深绿色及白色鸭。雄鸟繁殖期冠纹黑色，胸部具暗绿色狭窄颈带，背、两翼深绿色，尾黑色，体羽余部近白色。雌鸟具暗褐色过眼纹，背部棕褐色，颈部、腹部黄褐色。虹膜：雄鸟红色，雌鸟深色；嘴近灰色；脚灰色。

【生活习性】主要栖息于水生植物丰茂的江河、湖泊、池塘、沼泽；营巢于树上洞穴，常栖息于高树上。主食植物嫩叶、嫩芽、根和种子，偶尔取食昆虫等无脊椎动物。

民权黄河故道湿地观测及分析

民权黄河故道湿地有少量分布，为旅鸟或夏候鸟。

棉凫（左雌、右雄）（摄影　杨旭东）

棉凫（摄影　杨旭东）

13. 罗纹鸭 *Mareca falcata*

【保护级别】三有鸟类。

【形态特征】体长约 50 cm，中等体型的河鸭类。雌雄异色；雄鸟头顶栗色；额有一块白斑。眼周至后颈侧暗绿色并具光泽，喉及嘴基部白色使其区别于体型甚小的绿翅鸭。雌鸟暗褐色杂深色。虹膜褐色；嘴黑色；脚暗灰色。

【生活习性】主要栖息于湖泊、河流、沼泽。结小群活动。以水生植物为食。

罗纹鸭（左雄、右雌）（摄影　蔺艳芳）

罗纹鸭（摄影 蔺艳芳）

民权黄河故道湿地观测及分析

　　民权黄河故道湿地有少量分布，为冬候鸟或留鸟。

罗纹鸭（摄影 赵宗英）

14. 绿头鸭 *Anas platyrhynchos*

【保护级别】三有鸟类。

【形态特征】中型游禽，体长 47~62 cm，雌雄异色鸭类。雄鸭嘴黄绿色，脚橙黄色，头和颈深绿色带光泽，颈部有一白色领环。上体黑褐色，腰和尾上覆羽黑色，两对中央尾羽亦为黑色，且向上卷曲成钩状；外侧尾羽白色。胸栗色。翅、两胁和腹灰白色，具紫蓝色翼镜，翼镜上下缘具宽的白边，飞行时极醒目。雌鸭嘴黑褐色，嘴端暗棕黄色，脚橙黄色和具有紫蓝色翼镜及翼镜前后缘宽阔的白边等特征。虹膜褐色。

【生活习性】主要栖息于江河、湖泊、滩涂等水域。善于在水中觅食、戏水和求

绿头鸭（左雄、右雌）（摄影 李长看）

偶交配。喜欢干净，常在水中和陆地上梳理羽毛精心打扮，睡觉或休息时互相照看。以植物为主食，也吃无脊椎动物和甲壳动物。家鸭是绿头鸭的驯化养殖型。

民权黄河故道湿地观测及分析

　　民权黄河故道湿地有较大种群分布，常与其他雁鸭混群，为冬候鸟，部分为留鸟。

绿头鸭（摄影　赵宗英）

15. 斑嘴鸭 *Anas zonorhyncha*

【保护级别】三有鸟类。

【形态特征】体长 50~64 cm，大型鸭类。雌雄羽色相似。上嘴黑色，先端黄色，是本种识别特点。脸至上颈侧、眼先、眉纹、额和喉均为淡黄白色，远处看起来呈白色，与深的体色呈明显反差。虹膜褐色；脚红色。

【生活习性】通常栖息于江河、湖泊、水库、海湾和沿海滩涂盐场等水域。以植物为主食，兼食无脊椎动物。

民权黄河故道湿地观测及分析

民权黄河故道湿地有较大种群分布，为冬候鸟，部分为留鸟。

斑嘴鸭（摄影　李长看）

斑嘴鸭（摄影　李长看）

鸭科

Anatidae

16. 针尾鸭 *Anas acuta*

【保护级别】三有鸟类。

【形态特征】体长约 55 cm。雌雄异色。雄鸟头暗褐色；颈侧、前颈至腹部白色；后颈、背胁灰色；翼镜铜绿色；中央尾羽特别延长，黑色。雌鸟全身褐色，有黑褐色斑纹，尾羽较雄鸟短，但亦形尖。因中央尾羽延长似针，故得名"针尾鸭"。虹膜褐色；嘴黑色；脚暗灰色。

【生活习性】主要栖息于江河湖泊。集群活动，性机警，易惊飞；以植物性食物为主，兼食水生无脊椎动物。

民权黄河故道湿地观测及分析

民权黄河故道湿地有小种群分布，为冬候鸟。

针尾鸭（摄影　蔺艳芳）

针尾鸭（左雌、右雄）（摄影 蔺艳芳）

针尾鸭（摄影 李长看）

鸭科

Anatidae

17. 绿翅鸭 *Anas crecca*

【保护级别】三有鸟类。

【形态特征】小型游禽，体长约 37 cm。雌雄异色。雄鸭头颈栗褐色，头侧有黑绿色带斑，两翅暗褐色，翼镜翠绿色；脸部"绿色大逗号"是雄鸟的重要辨识特征。雌鸭头顶及后颈棕色，具粗而密的黑褐色纵纹，头颈两侧淡棕色。虹膜棕色；嘴黑色；脚暗灰色。

【生活习性】主要栖息于湖泊、池塘，以水草、种子、蠕虫为食。迁徙时成群飞行，是我国雁鸭类中的优势种之一，数量多，分布也很广。

民权黄河故道湿地观测及分析

民权黄河故道湿地有较大种群分布，为冬候鸟。

绿翅鸭（摄影　马超）

18. 琵嘴鸭 *Spatula clypeata*

【保护级别】三有鸟类。

【形态特征】体长约 50 cm。体大嘴长，嘴末端宽大如琵琶，故而得名"琵嘴鸭"。雄鸟头和颈黑褐色，两侧闪蓝绿色的金属光泽；胸至上背的两侧和肩的外侧白色；翼镜金属绿色；腹栗色，尾羽白色。雌鸟上体大都暗褐色，下体淡棕色。虹膜褐色；嘴黑色；脚橘黄色。

【生活习性】主要栖息于湖泊、河流。主要以螺、虾等水生动物为食，兼食水藻等。

鸭科

Anatidae

民权黄河故道湿地观测及分析

民权黄河故道湿地有小种群分布，为冬候鸟。

琵嘴鸭（左雌、右雄）（摄影　郭文）

鸭科

Anatidae

19. 白眉鸭 *Spatula querquedula*

【保护级别】三有鸟类。

【形态特征】体长 32~41 cm，中等体型的鸭。雌雄异色。雄鸟繁殖期头部紫棕色，具宽阔的白色眉纹，从眼前延伸至颈侧，故得名"白眉鸭"；胸、背部棕色，胁部灰色，肛周和尾棕色。雄鸟非繁殖期与雌鸟近似。雌鸟褐色的头部上图纹显著，腹白色。虹膜栗色；嘴黑色；脚蓝灰色。

【生活习性】主要栖息于开阔的湖泊、江河、沼泽、池塘、沙洲等水域中。迁徙和越冬时见于海岸泻湖、湖泊。常成对或小群活动，迁徙和越冬期间集成大群。主食水生植物的叶、茎、种子，兼食水生无脊椎动物。

白眉鸭（雌性）

民权黄河故道湿地观测及分析

民权黄河故道湿地有小种群分布，为冬候鸟。

白眉鸭（雄性）（摄影　郭文）

20. 花脸鸭 *Sibirionetta formosa*

【保护级别】国家二级保护鸟类，全球性易危。

【形态特征】体长 39~43 cm，中等体型的鸭。雌雄异色。雄性脸部由黄色、深绿色及黑色宽条纹组成；胸部粉棕色带黑点，两胁具鳞状纹；上体棕色，肩羽形长。雌性有明显的眼先斑点，圆且色浅；暗色的顶冠和贯眼纹与浅棕色眉纹形成对比。虹膜褐色；嘴灰色；脚灰色。

【生活习性】主要繁殖于东北亚森林苔原及泰加林湖泊；越冬栖息于华中、华南的湖泊、江河、水塘、沼泽、水库等。主要在黄昏和晚上觅食，主要以水生植物的芽、嫩叶、果实和种子为食，也取食小型无脊椎动物。

鸭科 Anatidae

民权黄河故道湿地观测及分析

民权黄河故道湿地有小种群分布，为冬候鸟。

花脸鸭（雄性）（摄影 郭文）

21. 红头潜鸭 *Aythya ferina*

【保护级别】三有鸟类。

【形态特征】体长 42~49 cm，中等体型的潜鸭。雌雄异色。繁殖期雄性头部和颈部栗红色，胸部和尾部黑色，身体呈灰色。雌性头部灰棕色，眼后一条浅带，眼先和下颏色浅,胸及尾近褐色。虹膜：雄鸟为红色,雌鸟为褐色；嘴灰色而端黑色；脚灰色。

【生活习性】主要栖息于有茂密水生植物的湖泊、池塘、泻湖等。性胆怯机警，善于潜水。主要在深水地方通过潜水觅食，主要以水藻，水生植物的叶、茎、根和种子为食；春、夏季节亦觅食水生无脊椎动物。

民权黄河故道湿地观测及分析

民权黄河故道湿地有小种群分布，为冬候鸟。

红头潜鸭（摄影　王争亚）

红头潜鸭（左雄、右雌）（摄影 李长看）

红头潜鸭（摄影 李长看）

22. 青头潜鸭 *Aythya baeri*

【保护级别】国家一级保护鸟类，全球性极危。

【形态特征】体长约 45 cm。雌雄异色。体圆，头大，胸深褐色，腹部及两胁白色；雄性繁殖期头和颈黑色，并具绿色光泽；眼白色。上体黑褐色；两胁淡栗褐色，具白色胁骨状斑。雌性体色较暗，头颈为暗皮黄褐色，胸红褐色，腹白色缀有褐色，两胁前面白色更明显。虹膜：雄性白色，雌性褐色；嘴深灰色；跗跖铅灰色。

与凤头潜鸭雄性的区别：青头潜鸭头部无冠羽，体型较小，两侧白色块线条不够整齐，尾下羽白色。与白眼潜鸭雄性的区别：青头潜鸭头颈部为黑色具绿色光泽，胁部胁骨状白色显著。

民权黄河故道湿地观测及分析

　　民权黄河故道湿地青头潜鸭分布有稳定的种群，数量达 186 只，系全国已知的三大栖息地之一。青头潜鸭在本区域为留鸟。

青头潜鸭（雄性）（摄影　李长看）

【生活习性】主要栖息于河流、湖泊。秋、冬季集成数十只甚至百只的大群。常与白眼潜鸭、凤头潜鸭混群。杂食性，主要以水生植物为食，亦食小型动物。觅食方式主要通过潜水，在浅水处亦可如河鸭直接将头颈插入水中摄食。

青头潜鸭（卵）（摄影　李长看）

1日龄青头潜鸭（摄影　李长看）

青头潜鸭（雌性）

青头潜鸭（雄性）

（伴生种）骨顶鸡

青头潜鸭（摄影　李长看）

鸭科

Anatidae

青头潜鸭幼鸟（摄影　陈海）

120 日龄青头潜鸭（摄影　李长看）

23. 白眼潜鸭 *Aythya nyroca*

【保护级别】三有鸟类，全球性易危。

【形态特征】体长约 41 cm，中等体型的全深色鸭。雌雄异色。雄性体羽浓栗色，眼白色；雌性体羽暗烟褐色，眼色淡，侧看头部羽冠高耸；飞行时，飞羽为白色带狭窄黑色后缘，仅眼、尾下羽白色。虹膜：雄性白色，雌性褐色；嘴蓝灰色；脚灰色。

【生活习性】主要栖息于开阔地区富有水生植物的淡水湖泊、池塘和沼泽地带。性胆小机警，常成对或成小群活动，常与青头潜鸭混群。杂食性，以植物性食物为主，也食水生无脊椎动物等。

民权黄河故道湿地观测及分析

民权黄河故道湿地分布有稳定的种群，与青头潜鸭混群，在该区域为留鸟或冬候鸟。

白眼潜鸭（左雄、右雌）（摄影　李长看）

24. 斑背潜鸭 *Aythya marila*

【保护级别】三有鸟类。

【形态特征】体长 40~51 cm，中等体型的鸭类。雌雄异色。繁殖期雄性头黑色带暗绿色金属光泽，胸和尾部黑色，两胁白色，背部夹有白色斑纹。雌鸟棕色，背部及两胁具白色斑纹，喙基部有一宽白色环。虹膜黄色略白；嘴灰蓝色；脚灰色。

【生活习性】繁殖于苔原地带，在富有水生植物的淡水湖泊、河流、沼泽等生境活动。于东、南部近海浅水处，河口、内陆湖泊、水库和沼泽地带越冬。善游泳和潜水，主要以甲壳类、软体动物、水生昆虫、小型鱼类等水生动物为食。

民权黄河故道湿地分布有小种群，为旅鸟或冬候鸟。

斑背潜鸭（雄性）（摄影　宁来）

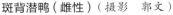

斑背潜鸭（雌性）（摄影　郭文）

25. 鹊鸭 *Bucephala clangula*

【保护级别】三有鸟类。

【形态特征】体长 40~50 cm，体型中等的鸭类。雌雄异色。雄性头黑色，大而高耸；眼金色，嘴基部脸颊处具大块圆形白斑。雌性略小，烟灰色，具近白色扇贝形纹，通常具狭窄白色前颈环。虹膜黄色；嘴近黑色；脚黄色。

【生活习性】主要栖息于流速缓慢的江河、湖泊和沿海水域。性机警胆怯，善潜水，游泳时尾翘起。主要以昆虫及其幼虫、甲壳类、软体动物、小鱼、蛙等为食。

鸭科 Anatidae

鹊鸭（雄性）（摄影 张岩）

民权黄河故道湿地观测及分析

　　民权黄河故道湿地分布有小种群，为旅鸟或冬候鸟。

鹊鸭（雌性）（摄影 郭文）

鸭科

Anatidae

26. 斑头秋沙鸭 *Mergellus albellus*

【保护级别】国家二级保护鸟类。

【形态特征】体长 34~45 cm，体型小的黑白色鸭。繁殖期雄性头、颈和下体白色，眼周、眼先、枕纹、上背、初级飞羽及胸侧的狭窄条纹为黑色。体侧具灰色蠕虫状细纹。雌性额至后颈栗褐色，下颏及前颈白色，上体灰色。虹膜褐色；嘴近黑色；脚灰色。

【生活习性】主要栖息于湖泊、池塘、水库及河流等生境。善游泳和潜水。主要捕食小型鱼类、甲壳类、贝类、水生昆虫等。

民权黄河故道湿地观测及分析

民权黄河故道湿地分布有小种群，为旅鸟或冬候鸟。

斑头秋沙鸭（雌）（摄影　马继山）

斑头秋沙鸭（左雄、右雌）（摄影　蔺艳芳）

27. 普通秋沙鸭 *Mergus merganser*

【保护级别】三有鸟类。

【形态特征】体长 58~72 cm，体型较大的食鱼鸭。雌雄异色。细长的嘴具钩。繁殖期雄性头及背部绿黑色，枕部具有短的黑褐色冠羽，胸部及下体乳白色，翅上有大型白斑，飞行时翼白而外侧三级飞羽黑色。雌性头部和上颈棕褐色，上体灰色，下体白色。虹膜褐色；嘴红色；脚红色。

【生活习性】主要栖息于河流、湖泊、水库、河口地区等。善潜水，不甚惧人。主要以小鱼为食，也捕食软体动物、甲壳类等水生无脊椎动物。

普通秋沙鸭（雌）（摄影 郭文）

民权黄河故道湿地观测及分析

民权黄河故道湿地分布有小种群，为旅鸟。

普通秋沙鸭（雄）（摄影 郭文）

鸭科

Anatidae

28. 中华秋沙鸭 *Mergus squamatus*

【保护级别】国家一级保护鸟类，被 2012 年《世界自然保护联盟濒危物种红色名录》ver 3.1 列为濒危（EN）。是中国的特有种。

【形态特征】体长约 58 cm，体型较大的潜水食鱼鸭。雌雄异色。嘴形侧扁，前端尖出；嘴、腿和脚红色；胁羽上有黑色鱼鳞状斑纹。雄性头部和上背黑色；下背、腰部和尾上覆羽白色；翅上有白色翼镜；头顶的长羽后伸成双冠状。雌性

中华秋沙鸭（左雌、右雄）（摄影　李长看）

中华秋沙鸭（摄影　李长看）

中华秋沙鸭（摄影　卜春昕）

头部和上颈棕褐色，冠羽较短。虹膜褐色。

【生活习性】主要栖息于湍急河流、湖泊、水库、河口地区等。善潜水，甚惧人。主要以小鱼为食，也捕食软体动物、甲壳类等水生无脊椎动物。

民权黄河故道湿地观测及分析

民权黄河故道湿地分布有小种群，为旅鸟。

三、鸊鷉目 | Podicipediformes

　　游禽。各趾间具瓣蹼，眼先多具一窄条裸区；生活在淡水水域，善于潜水捕鱼；繁殖期有求偶炫耀，雄鸟常有特殊婚饰羽；用植物编成水面浮巢，雏鸟早成性。

　　世界性分布，繁殖于北半球，南迁越冬。鸊鷉目包括 1 科 6 属 23 种，中国分布有 1 科 2 属 5 种，民权黄河故道湿地分布有 1 科 2 种。

凤头鸊鷉（摄影　李长看）

（三）䴙䴘科 Podicipedidae

29. 小䴙䴘 *Tachybaptus ruficollis*

【保护级别】三有鸟类。

【形态特征】小型游禽，体长 25~32 cm。因体型短圆，在水上浮沉宛如葫芦，而又名"水葫芦"。繁殖期雄鸟下颏和前颈部栗色，头顶、枕部及背部深灰褐色；非繁殖羽上体褐色，下体偏灰色。虹膜黄色；嘴黑色，基部具黄色斑；脚蓝灰色，趾间具瓣蹼。

【生活习性】主要栖息于水草丛生的河流、湖泊。食物以小鱼、虾、水生昆虫等为主。性怯懦，常匿居草丛间，或成群在水上游荡，一遇惊扰，立即潜入水中。

民权黄河故道湿地观测及分析

民权黄河故道湿地常见，为留鸟。

小䴙䴘（冬羽型）（摄影　李长看）

小䴙䴘（冬羽型）（摄影　李长看）

小䴙䴘交配（摄影　李长看）

30. 凤头䴙䴘 *Podiceps cristatus*

【保护级别】三有鸟类。

【形态特征】体大，体长 50~58 cm。头顶黑褐色，枕部两侧羽毛延长成棕栗色羽冠，羽端黑色。颈长，上体灰褐色，下体近白色。翅短，尾羽退化或消失。足位于身体后部，趾间瓣蹼发达。虹膜赤红色；嘴黄色；脚近黑色。

【生活习性】主要栖息于水草丛生的湖泊。食物以小鱼、虾、昆虫等为主。繁殖期雌雄同步做精湛的求偶炫耀——两相对视、身体高耸、同步点头。

民权黄河故道湿地观测及分析

民权黄河故道湿地常见，为留鸟。

䴙䴘科

Podicipedidae

凤头䴙䴘（冬羽型）（摄影　李长看）

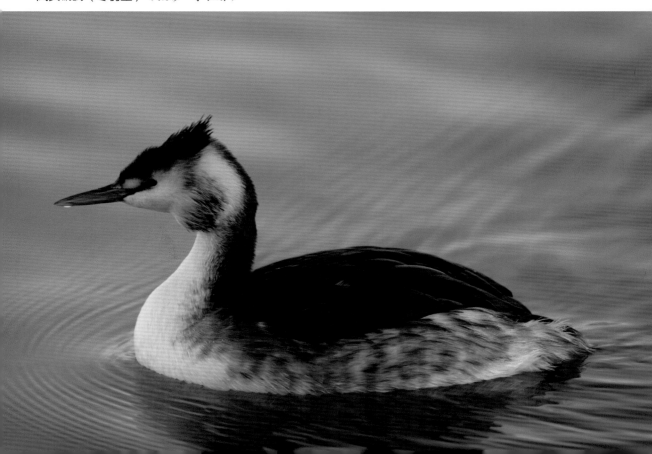

凤头䴙䴘（繁殖羽型）（摄影　蔺艳芳）

凤头䴙䴘（繁殖羽型）（摄影　刘建平）

四、鸽形目 | **Columbiformes**

　　陆禽。地栖或树栖。体型似鸽，体羽密而柔软，多褐色、灰色；喙短而细，具有蜡膜；腿短，脚强健，具钝爪，适宜奔走及掘食；翅中等发育，尾圆形或楔形；嗉囊发达，繁殖期能分泌"鸽乳"以育雏。于树上或岩缝用植物编极简陋巢，雏鸟晚成性。

　　除高纬度地区外，广布于全球，以热带种类居多。鸽形目包括 1 科 50 属 344 种，中国分布有 1 科 7 属 31 种，民权黄河故道湿地分布有 1 科 3 种。

珠颈斑鸠（摄影　李艳霞）

（四）鸠鸽科 Columbidae

31. 山斑鸠 *Streptopelia orientalis*

【保护级别】三有鸟类。

【形态特征】体长 32~35 cm，中等体型的偏粉色斑鸠。识别特征是颈侧有黑白色条纹的块状斑。上体深色、体羽羽缘棕色，腰灰色，尾羽近黑色，尾梢浅灰色。下体多偏粉色。虹膜黄色；嘴灰色；脚粉红色。

【生活习性】主要栖息于低山丘陵、平原、林地、农田和果园等生境。多在林下地上、农田、林缘觅食，主要以植物果实、种子、草籽、嫩叶等为食。

山斑鸠（摄影 李长看）

民权黄河故道湿地观测及分析

民权黄河故道湿地常见种，为留鸟。

山斑鸠（摄影 蔺艳芳）

32. 珠颈斑鸠 *Streptopelia chinensis*

【保护级别】三有鸟类。

【形态特征】体长 27~30 cm，粉褐色斑鸠。额和前头顶浅灰色，羽端呈红色，后颈有黑羽半圈，形似领巾，杂以白色至棕色细斑，形如珠状，故又名"珍珠鸠"。尾略显长，尾羽具显著白色端斑。虹膜橘黄色；嘴黑色；脚红色。

【生活习性】常成群栖息于田野间、村庄附近和杂木林中。觅食杂草及种子，在清晨、黄昏及雨前雨后，常听到"咕咕咕、咕咕咕"悠长的鸣叫。

珠颈斑鸠（摄影　李长看）

民权黄河故道湿地观测及分析

民权黄河故道湿地常见种，为留鸟。

珠颈斑鸠交配（摄影　杨旭东）

33. 火斑鸠 *Streptopelia tranquebarica*

【保护级别】三有鸟类。

【形态特征】体长约 23 cm，体型较小的酒红色斑鸠。雌雄异色。识别特征为后颈有一黑色领环，并延伸至颈两侧。雄鸟体羽红色；头、颈蓝灰色；雌鸟额和头顶淡褐色而沾灰色，后颈基处黑色领环较细窄。虹膜暗褐色；嘴灰黑色；脚褐红色。

【生活习性】常成群栖息于田野间、村庄附近，杂木林中。觅食杂草及种子。

民权黄河故道湿地观测及分析

民权黄河故道湿地有少量分布，为夏候鸟。

火斑鸠（雌性）（摄影　李长看）

火斑鸠（雄性）（摄影　李长看）

五、鹃形目 | **Cuculiformes**

中型攀禽。喙多纤细，先端微下弯；腿短而弱，对趾型或半对趾型，适宜抓握；尾长而呈圆形。一些种类有寄生性繁殖习性，雏鸟晚成性。

世界性分布，但以温带种类居多。鹃形目包括 1 科 33 属 149 种。中国分布有 1 科 9 属 20 种，民权黄河故道湿地分布有 1 科 4 种。

东方大苇莺喂食大杜鹃（摄影　杨旭东）

（五）杜鹃科 Cuculidae

34. 小鸦鹃 *Centropus bengalensis*

【**保护级别**】国家二级保护鸟类。

【**形态特征**】体长约 42 cm，棕色和黑色鸦鹃。体羽黑色，上背和翅淡红褐色，翅下覆羽褐色。尾长，黑色，具金属光泽。虹膜红色；嘴黑色；脚黑色。

【**生活习性**】主要栖息于低山丘陵和山脚平原地带的灌丛、次生林、草丛和果园中。性机警，常单独或成对活动。主食蝗虫、蝼蛄等昆虫和其他小型动物，兼食植物果实与种子。

小鸦鹃（摄影　闫国伟）

民权黄河故道湿地观测及分析

民权黄河故道湿地有少量分布，为夏候鸟。

小鸦鹃（摄影　李艳霞）

小鸦鹃（摄影 王争亚）

35. 噪鹃 *Eudynamys scolopaceus*

【保护级别】三有鸟类。

【形态特征】体长约 42 cm。雌雄异色。雄鸟通体黑色，具蓝色金属光泽。雌鸟灰褐色，周身布满白色斑点。虹膜红色；嘴浅绿色；脚蓝灰色。

【生活习性】主要栖息于山地、丘陵、山脚平原密林区。营巢寄生，借乌鸦、卷尾及黄鹂的巢产卵。多单独活动，隐蔽于树顶叶下。主要以植物果实、种子为食，也取食蚱蜢、甲虫等昆虫。叫声独特。

噪鹃（雌性）（摄影　郭文）

民权黄河故道湿地观测及分析

　　民权黄河故道湿地有少量分布，为夏候鸟。

噪鹃（雄性）（摄影　张岩）

36. 四声杜鹃 *Cuculus micropterus*

【**保护级别**】三有鸟类。

【**形态特征**】体长约 30 cm，中等体型、偏灰色杜鹃。头顶和后颈暗灰色，头侧、眼先、额、喉及上胸浅灰色；上体余部及两翼浓褐色。腹部白色，杂以黑色横斑。虹膜红褐色，黄色眼圈；上嘴黑色，下嘴偏绿色；脚黄色。

【**生活习性**】巢寄生的形式繁殖。主要栖息于山地或平原树林内。嗜食昆虫，是著名的益鸟，一只四声杜鹃可控制 40 亩松林免遭虫害。夏收季节，常久鸣不休，似"快快割麦"。"杜鹃啼血"即为此鸟。"楚天空阔月成轮，蜀魄声声似告人。啼得血流无用处，不如缄口过残春。"诗人托物言志，流传至今。

民权黄河故道湿地观测及分析

民权黄河故道湿地有少量分布，为夏候鸟。

四声杜鹃（雄性）（摄影　张岩）

37. 大杜鹃 *Cuculus canorus*

【保护级别】三有鸟类。

【形态特征】体长 30~33 cm。雌雄异色。雄鸟上体暗灰色，两翼暗褐色，外侧覆羽和飞羽暗褐色，尾黑色，先端白色。额、喉、上胸及头颈浅灰色，下体余部白色而杂以黑褐色横斑。雌鸟为棕色，背部具黑色横斑。虹膜黄色；上嘴深色，下嘴黄色；脚黄色。

【生活习性】主要栖息于林地，晨间常鸣叫不已，叫声为"布谷、布谷"。古诗中有不少关于布谷鸟催耕的描述，如"时令过清明，朝朝布谷鸣。但令春促驾，那为国催耕。"嗜食昆虫，是著名的益鸟。它不筑巢，不孵卵，不育雏，借"养父母"如苇莺等完成育雏任务，是巢寄生的典型，杜甫对此做过极为生动准确的描述："生子百鸟巢，百鸟不敢嗔。仍为喂其子，礼若奉至尊。"

棕扇尾莺喂食大杜鹃雏鸟（摄影 李振中）

民权黄河故道湿地观测及分析

　　民权黄河故道湿地有少量分布，为夏候鸟。

大杜鹃（摄影 闫国伟）

六、鹤形目 **Gruiformes**

　　涉禽。眼先被羽或裸出；翅多短圆，第 1 枚初级飞羽较第 2 枚短；尾短，有 12 枚尾羽。颈和脚均较长，胫的下部裸出；脚趾多细长，后趾不发达或完全退化，存在时位置亦较高；趾间无蹼，有时具瓣蹼。不具真正的嗉囊，盲肠较发达。鸣管由气管与支气管的一部分构成；鹤的气管发达，能在胸骨和胸肌间构成复杂的卷曲，有利于发声共鸣。

　　世界性分布，繁殖于北半球，南迁越冬。鹤形目包括 6 科 56 属 189 种。中国分布有 2 科 26 属 30 种，民权黄河故道湿地分布有 2 科 6 种。

灰鹤（摄影　白瑞霞）

（六）秧鸡科 Rallidae

38. 普通秧鸡 *Rallus indicus*

【保护级别】三有鸟类。

【形态特征】体长约 30 cm，中等体型的秧鸡。头顶褐色，脸、喉部、前颈及胸部灰色。眉纹浅灰色，眼线深灰色。上体暗褐色具黑色条纹，两胁和尾下覆羽具黑白色横斑。虹膜红色；嘴红色至黑色；脚红色。

【生活习性】主要栖息于低山丘陵、山脚平原地带的河流、湖泊、沼泽、水塘等水域及岸边、附近的灌丛、草地。常单独行动，性胆怯。主要以小鱼、甲壳类、软体动物、昆虫等为食，也取食嫩枝、根、种子和果实等。

民权黄河故道湿地观测及分析
民权黄河故道湿地有少量分布，为夏候鸟。

普通秧鸡（摄影　郭文）

39. 白胸苦恶鸟 *Amaurornis phoenicurus*

【保护级别】三有鸟类。

【形态特征】体长约 33 cm，中等体型。头顶及上体青灰色，脸、额、喉部、胸部及下体白色。腹部和尾下覆羽栗红色。虹膜红色；嘴绿色，基部红色；脚黄色。

【生活习性】主要栖息于溪流、水塘、沼泽、稻田等地。不善长距离飞行，善奔走，在水草丛中潜行。主要以昆虫、小型水生动物以及植物种子为食。繁殖季节常"苦恶、苦恶"彻夜鸣叫，单调重复，清晰嘹亮。

秧鸡科

Rallidae

民 权 黄 河 故 道 湿 地 观 测 及 分 析

　　民权黄河故道湿地有少量分布，为夏候鸟。

白胸苦恶鸟（摄影　蔺艳芳）

40. 黑水鸡 *Gallinula chloropus*

【保护级别】三有鸟类。

【形态特征】中型涉禽，体长约 33 cm。通体黑褐色，尾下覆羽白色；嘴黄色，嘴基与额甲红色鲜艳；脚黄绿色，趾很长，趾具狭窄的直缘膜或蹼。游泳时身体露出水面较高，尾向上翘，白斑尽显。虹膜红色。

【生活习性】环境适应性强，主要栖息于灌木丛、蒲草、苇丛，善潜水，多成对活动。杂食性，主要以水草、小鱼虾、水生昆虫等为食。

黑水鸡（亚成体）（摄影　李长看）

民权黄河故道湿地观测及分析

　　民权黄河故道湿地为夏候鸟或留鸟。

黑水鸡（成鸟）（摄影　李长看）

41. 骨顶鸡 *Fulica atra*

【保护级别】 三有鸟类。

【形态特征】 体长 40~43 cm，体型较黑水鸡大。通体黑色，仅嘴和额甲为白色。虹膜红色；嘴白色；脚灰绿色。

【生活习性】 常结群栖息于有隐蔽环境的湖泊、河流地带。杂食性，以植物嫩芽、叶，小鱼，昆虫等为食。

秧鸡科

Rallidae

骨顶鸡（育雏）（摄影 李长看）

民权黄河故道湿地观测及分析

民权黄河故道湿地有较大种群分布，为冬候鸟，部分为留鸟。

骨顶鸡（摄影 李长看）

（七）鹤科 Gruidae

42. 白枕鹤 *Grus vipio*

【保护级别】国家一级保护鸟类。

【形态特征】体长约 150 cm，灰白色鹤。体羽大部为深浅不一的灰色，初级飞羽黑色；额、面颊部位裸露，呈鲜红色，故得名"红脸鹤"；面部边缘及斑纹黑色，喉及颈背白色。枕、胸及颈前灰色延至颈侧成狭窄尖线条。虹膜黄色；嘴黄色；脚红色。

【生活习性】栖息于近湖泊、河流的沼泽地带。常觅食于农耕地，以嫩草、种子、软体动物等为食。迁徙时编队飞行，如"自古逢秋悲寂寥，我言秋日胜春朝。晴空一鹤排云上，便引诗情到碧霄。"（刘禹锡《秋词》）

民权黄河故道湿地观测及分析

民权黄河故道湿地有分布，与灰鹤混群，为旅鸟。

白枕鹤（摄影　王恒瑞）

白枕鹤

白枕鹤（摄影　李长看）

43. 灰鹤 *Grus grus*

【保护级别】国家二级保护鸟类。

【形态特征】体长约 125 cm，中型鹤。通体灰色；前额黑色，头顶部裸露，呈红色，头及颈深黑灰色。自眼后有一道宽的白色条纹伸至颈背。体羽余部灰色，背部及长而密的三级飞羽略沾褐色。虹膜褐色；嘴黄绿色；脚黑灰色。

【生活习性】主要栖息于河滩、沼泽平原地带。清晨和傍晚觅食，以嫩草、种子、软体动物等为食。鸣叫声响亮，古人云"鹤鸣于九皋，声闻于天"。

民权黄河故道湿地观测及分析

　　民权黄河故道湿地有小种群分布，为旅鸟。

灰鹤（摄影　王恒瑞）

灰鹤（成体、亚成体）（摄影　李长看）

灰鹤（摄影　李长看）

七、鸻形目 | **Charadriiformes**

中、小型涉禽。眼先被羽；嘴细而直，部分种类向上或向下弯曲；翅形尖，或长或短，第 1 枚初级飞羽较第 2 枚长或等长。胫和脚均较长，胫的下部裸出；趾间无蹼或具不发达蹼，后趾小或缺，存在时位置亦较其他趾稍高。雌雄鸟相似。

世界性分布，繁殖于北半球，春、秋集大群迁徙。鸻形目包括 19 科 90 属 403 种。中国分布有 13 科 48 属 139 种，民权黄河故道湿地分布有 7 科 28 种。

黑翅长脚鹬（摄影　杨旭东）

（八）反嘴鹬科 Recurvirostridae

44. 黑翅长脚鹬 *Himantopus himantopus*

【**保护级别**】三有鸟类。

【**形态特征**】体态修长，体长约 37 cm。通体黑白分明，特征为嘴黑色、细长，两翼黑色，腿红色，修长，飞行时长腿拖于尾后，是重要的辨识特征。体羽白色，颈背具黑色斑块。幼鸟褐色较浓，头顶及颈背沾灰色。虹膜粉红色。

【**生活习性**】栖息于沿海浅水及淡水沼泽地带。由于腿较长，可在水位较深的池塘、沼泽涉水觅食。主食软体类、甲壳类、昆虫、小鱼和蝌蚪等。

民权黄河故道湿地观测及分析

民权黄河故道湿地常见，多为 10 只小种群。为夏候鸟，部分为留鸟。

黑翅长脚鹬（摄影　王恒瑞）

黑翅长脚鹬（摄影　李长看）

45. 反嘴鹬 *Recurvirostra avosetta*

【保护级别】三有鸟类。

【形态特征】体长约 43 cm，黑白色鹬。长腿灰色，黑色的嘴细长而上翘，故得名"反嘴鹬"。飞行时从下面看体羽全白色，仅翼尖黑色，具黑色的翼上横纹及肩部条纹。虹膜褐色；脚蓝灰色。

【生活习性】主要栖息于湖泊、沼泽等湿地生境。以甲壳类、软体动物、水生昆虫等小型无脊椎动物为食。善游泳；飞行时快速振翅并做长距离滑翔。遇敌害时，成鸟做伴装断翅表演，以将捕食者从幼鸟身边引开。

民权黄河故道湿地观测及分析

民权黄河故道湿地可见小种群，为冬候鸟。

反嘴鹬（摄影 王恒瑞）

反嘴鹬（摄影　王恒瑞）

（九）鸻科 Charadriidae

46. 凤头麦鸡 *Vanellus vanellus*

【**保护级别**】三有鸟类。

【**形态特征**】中型涉禽。体长 29~34 cm，黑白色麦鸡。上体具绿黑色金属光泽；尾白色而具宽的黑色次端带；头顶具细长而稍向前弯的黑色冠羽，甚为醒目；头顶色深，耳羽黑色，头侧及喉部污白色；胸近黑色；腹白色。虹膜褐色；嘴近黑色；腿及脚橙褐色。

【**生活习性**】通常栖息于湿地、水塘、水渠、沼泽等地，有时也远

民权黄河故道湿地观测及分析

民权黄河故道湿地有较大种群分布，为旅鸟，部分为冬候鸟。

凤头麦鸡（摄影 律国建）

离水域，栖息于农田、旱草地和高原地区。主食昆虫、蛙类、小型无脊椎动物，也取食杂草种子及植物嫩叶。

凤头麦鸡（摄影　杨旭东）

47. 灰头麦鸡 *Vanellus cinereus*

【保护级别】全球性近危。

【形态特征】体长约35 cm。头、颈、胸灰色，胸腹之间具一条黑色环带，背、肩、翼上覆羽灰褐色，腰与尾上覆羽白色；尾羽白色，端部黑色，初级飞羽黑色，次级三级飞羽白色。

【生活习性】主要栖息于沼泽、湿地、农田。主食昆虫、螺、蚯蚓等无脊椎动物，亦食植物叶片及种子。

> **民权黄河故道湿地观测及分析**
>
> 民权黄河故道湿地有分布，为夏候鸟。

灰头麦鸡雏鸟（摄影 李振中）

灰头麦鸡（摄影 李长看）

灰头麦鸡（摄影　李振中）

灰头麦鸡育雏（摄影　李振中）

48. 金（斑）鸻 *Pluvialis fulva*

【保护级别】三有鸟类。

【形态特征】体长约 25 cm，中等体型的健壮涉禽。头大，喙黑色，短厚；繁殖期上体黑色，密布金黄色斑点，下体黑色；自额经眉纹、颈侧到胸侧有一条显著的白带。冬羽上体金棕色，边缘淡黄色，下体灰白色。虹膜褐色；脚灰色。

【生活习性】主要栖息于河流、湖泊、沿海滩涂及农田等开阔多草地区；性羞怯而胆小，受惊即鸣叫着飞离。主要以昆虫、软体动物、甲壳动物为食。

民权黄河故道湿地观测及分析

民权黄河故道湿地有小种群分布，为旅鸟。

金（斑）鸻（繁殖羽型）（摄影 十一）

金（斑）鸻（摄影 郭文）

49. 金眶鸻 *Charadrius dubius*

【保护级别】三有鸟类。

【形态特征】体长约 16 cm。眼眶金黄色而有别于其他鸻类；上体沙褐色，额具有一条宽阔的黑色横带；下体白色，颈部具显著的黑色颈环。虹膜灰色；嘴黑色；脚黄色。

【生活习性】主要栖息于河流、湖泊、沼泽地带及沿海滩涂。单个或成对活动，活动时行走速度甚快，常走走停停。主要以昆虫、软体动物、甲壳类等为食。

金眶鸻（摄影　马继山）

民权黄河故道湿地观测及分析

民权黄河故道湿地有小种群分布，为夏候鸟。

金眶鸻（摄影　李长看）

鸻科

Charadriidae

鸻科

Charadriidae

50. 环颈鸻 *Charadrius alexandrinus*

【保护级别】三有鸟类。

【形态特征】体长约 15 cm，上体沙褐色，下体白色。因后颈基部带状白色向颈侧延伸，与前颈白色相连形成白色领圈，而得名"环颈鸻"。飞行时翼上具白色横纹，尾羽外侧更白。虹膜褐色；嘴短而黑；脚黑色。与金眶鸻的区别在于没有金黄色眼眶，腿黑色，黑色领环在胸前断开。

【生活习性】主要栖息于沿海海岸，河口沙洲，内陆河流、湖泊等。善快速奔跑，边走边觅食。主要以昆虫、软体动物和蠕虫为食。

民权黄河故道湿地观测及分析

　　民权黄河故道湿地有小种群分布，为夏候鸟。

环颈鸻（摄影　李长看）

环颈鸻（摄影　王恒瑞）

51. 铁嘴沙鸻 *Charadrius leschenaultii*

【保护级别】 三有鸟类。

【形态特征】 体长 21~23 cm。上体暗沙色，下体白色。喙短且较厚，黑色。额白色，额上部两眼之间具有一条黑色横带。胸栗红棕色，飞翔时白色翼带明显。虹膜褐色；脚黄灰色。

【生活习性】 主要栖息于河口、湖泊、沼泽、水田及盐碱滩。常集群活动，善在地上奔跑。主要以昆虫、甲壳动物、软体动物为食。

鸻科

Charadriidae

民权黄河故道湿地观测及分析

民权黄河故道湿地有小种群分布，为旅鸟。

铁嘴沙鸻（摄影　郭文）

52. 东方鸻 *Charadrius veredus*

【保护级别】三有鸟类。

【形态特征】体长约 24 cm，体型中等。繁殖期前额、眉纹、头两侧和喉白色，头顶和背部褐色。上体全褐色，无翼上横纹；前颈部棕色，胸部栗棕色，具有一宽的黑色条带，下体白色。冬季胸带宽，棕色，脸偏白色。虹膜淡褐色；嘴橄榄棕色；脚黄色至偏粉色。

【生活习性】主要栖息于湖泊、盐碱沼泽、河流岸边。多在水边浅水处、沙滩上快速奔跑、觅食。主食昆虫和甲壳动物。

东方鸻（摄影　赵宗英）

民权黄河故道湿地观测及分析

民权黄河故道湿地有小种群分布，为旅鸟。

东方鸻（摄影　赵宗英）

53. 长嘴剑鸻 *Charadrius placidus*

【**保护级别**】三有鸟类。

【**形态特征**】中小型涉禽，体长 18~23 cm。颏、喉、前颈、眉纹白色，耳羽黑褐色。头顶前部具黑色带斑；上体灰褐色，后颈的白色领环延至胸前，其下部为一黑色胸带，下体余部皆白色。虹膜褐色；嘴黑色；脚暗黄色。

【**生活习性**】主要栖息于湖泊、盐碱沼泽、河流岸边。迁徙性鸟类，具有极强的飞行能力。主食昆虫和甲壳动物。

长嘴剑鸻（摄影　李长看）

民权黄河故道湿地观测及分析

民权黄河故道湿地有小种群分布，为冬候鸟或旅鸟。

长嘴剑鸻（摄影　李长看）

鸻科

Charadriidae

（十）彩鹬科 Rostratulidae

54. 彩鹬 *Rostratula benghalensis*

【保护级别】三有鸟类。

【形态特征】体长约 25 cm，体型中等。雌鸟较雄鸟体大，体羽色彩也更艳丽。喙细长，先端膨大并向下弯曲，黄色。雌鸟头部及胸部深栗色，眼周白色并向后延伸，顶纹黄色，胸部、尾下覆羽白色，背部两侧具黄色纵带，背上具白色的"V"形纹并有白色条带绕肩至白色的下体。雄鸟色暗，具杂斑，翼覆羽具淡黄色点斑，眼斑黄色。虹膜红色；脚近黄色。

【生活习性】主要栖息于山地、丘陵和平原中的沼泽、芦苇水塘。性胆怯，白天常隐藏在草丛中，多在晨昏和夜间活动。彩鹬为一雌多雄制，雌鸟产数窝卵，由不同的雄鸟孵化。主食虾、蟹、螺和昆虫等小型动物，亦食植物的芽、叶等。

> 民权黄河故道湿地观测及分析
>
> 民权黄河故道湿地有小种群分布，为夏候鸟。

彩鹬（左雄、右雌）（摄影 肖书平）

彩鹬（交配）（摄影　肖书平）

彩鹬（雄鸟带崽）（摄影　肖书平）

（十一） 水雉科 Jacanidae

55. 水雉 *Hydrophasianus chirurgus*

【保护级别】国家二级保护鸟类。

【形态特征】体长约 33 cm。尾羽特长，深褐色及白色。飞行时白色翼明显。非繁殖羽头顶、背及胸上横斑灰褐色；颏、前颈、眉、喉及腹部白色；两翼近白色。黑色的贯眼纹下延至颈侧，下枕部金黄色。初级飞羽羽尖特长，形状奇特。虹膜黄色；嘴黄色，繁殖期灰蓝色；脚棕灰色，繁殖期偏蓝色。

【生活习性】主要栖息于挺水植物、漂浮植物丰富的淡水湖泊、沼泽和池塘等生境；常在睡莲及荷花的叶片上行走。挑挑拣拣地找食，间或短距离跃飞到新的取食点。主要以甲壳类、软体动物、昆虫和菱角等为食。

水雉（摄影　王恒瑞）

民权黄河故道湿地观测及分析

民权黄河故道湿地有小种群分布，为夏候鸟。

水雉（摄影　王恒瑞）

水雉（摄影　王恒瑞）

（十二） 鹬科 Scolopacidae

56. 扇尾沙锥 *Gallinago gallinago*

【保护级别】三有鸟类。

【形态特征】体长约 26 cm，色彩明快。上体深褐色，上背部具两条浅棕色条纹，两翼细而尖；下体黄色，胁部具褐色纵纹，腹部白色。喙长，褐色，端渐；尾羽展开时呈扇形，故得名"扇尾沙锥"。虹膜褐色；嘴褐色；脚橄榄色。

【生活习性】主要栖息于河流、湖泊、苔原、沼泽及草原等多种生境。喜阴暗潮湿的地方，白天多隐藏于植物中，晨昏或夜间活动觅食。主要以昆虫、蠕虫、蚯蚓和软体动物等为食。

> **民权黄河故道湿地观测及分析**
>
> 民权黄河故道湿地有小种群分布，为夏候鸟。

扇尾沙锥（（摄影　郭文）

57. 黑尾塍鹬 *Limosa limosa*

【保护级别】三有鸟类。

【形态特征】体长35~43 cm，长腿、长嘴，涉禽。过眼线显著，上体杂斑少，尾前半部近黑色，腰及尾基白色。白色的翼上横斑明显；虹膜褐色；嘴基粉色；脚绿灰色。

【生活习性】主要栖息于沿海泥滩、河流两岸及湖泊。迁徙过境时，常集小群或数千只大群活动，并与其他鹬类混群。以昆虫、蠕虫、软体动物、环节动物及植物种子等为食。

鹬科

Scolopacidae

民权黄河故道湿地观测及分析

    民权黄河故道湿地有小种群分布，为夏候鸟。

黑尾塍鹬（摄影　杨旭东）

鹬科

Scolopacidae

58. 白腰杓鹬 *Numenius arquata*

【保护级别】国家二级保护鸟类。

【形态特征】体长约 55 cm。喙甚长而下弯。头顶及上体淡褐色，密布黑褐色羽干纹。下背、腰及尾上覆羽白色，下背具细的灰褐色羽干纹。尾上覆羽变为较粗的黑褐色羽干纹，尾羽白色，具细窄黑褐色横斑。虹膜褐色；嘴褐色；脚青灰色。

【生活习性】主要栖息于湖泊、河口、河流岸边和附近的沼泽地带、草地及耕地。性机警，活动时环顾周边。以甲壳类、软体类、昆虫等无脊椎动物为食，也食植物种子、浆果等。

白腰杓鹬（摄影　戎志强）

> **民权黄河故道湿地观测及分析**
>
> 　　民权黄河故道湿地有小种群分布，为旅鸟。

白腰杓鹬（摄影　戎志强）

59. 大杓鹬 *Numenius madagascariensis*

【**保护级别**】国家二级保护鸟类，全球性近危。

【**形态特征**】体长约 63 cm，体形硕大。体羽黄棕色，胸部和胁部多纵纹，翼部密布棕色横纹；下背及尾部褐色，下体皮黄色；喙甚长而下弯。虹膜褐色；嘴黑色，嘴基粉红色；脚灰色。

【**生活习性**】主要栖息于低山丘陵和平原地带的河流、湖泊、芦苇沼泽、水塘及水稻田边。主要以软体动物、甲壳类、昆虫等为食。

民权黄河故道湿地观测及分析

民权黄河故道湿地有小种群分布，为夏候鸟。

鹬科

Scolopacidae

大杓鹬（摄影 杨旭东）

60. 鹤鹬 *Tringa erythropus*

【保护级别】三有鸟类。

【形态特征】体长约 30 cm，中等体型，红腿，灰色涉禽。嘴长且直，繁殖羽黑色具白色点斑；冬季似红脚鹬；过眼纹明显，两翼色深并具白色点斑，飞行时脚伸出尾后较长。虹膜褐色；嘴黑色，嘴基红色；脚橘黄色。

【生活习性】主要栖息于鱼塘、沿海滩涂及沼泽地带。常在水中将头和脖子完全没入水中取食，主要以昆虫、软体动物、小虾、小鱼等为食。

民权黄河故道湿地观测及分析

民权黄河故道湿地有小种群分布，为夏候鸟。

鹤鹬（冬羽型）（摄影　马继山）

鹤鹬（繁殖羽型）（摄影　李长看）

61. 红脚鹬 *Tringa totanus*

【**保护级别**】三有鸟类。

【**形态特征**】体长 26~28 cm。上体灰褐色，下体白色，胸具褐色纵纹。腿橙红色，嘴基半部为红色。较鹤鹬体型小，矮胖，嘴较短，较厚。虹膜褐色；嘴基部红色，端黑色；脚橙红色。

【**生活习性**】主要栖息于海滨、河湖岸边及沼泽湿地。常集群活动。主要以昆虫、软体动物、甲壳类、蠕虫等为食。"鹬蚌相争，渔翁得利"即言此鸟。

民权黄河故道湿地观测及分析

民权黄河故道湿地有小种群分布，为夏候鸟。

红脚鹬（摄影　杨旭东）

红脚鹬（摄影　王恒瑞）

鹬科

Scolopacidae

62. 青脚鹬 *Tringa nebularia*

【保护级别】三有鸟类。

【形态特征】体长约 32 cm。喙灰色，长而粗，略向上翻；上体灰色具杂色斑纹，下体白色。翼下具深色细纹，喉、胸部及两胁具褐色纵纹。背部白色条纹于飞行时尤为明显。两翼及下背色深，几乎全黑。虹膜褐色；嘴灰色，端黑色；脚黄绿色。

【生活习性】主要栖息于河口、海岸地带、湖泊、沼泽地带。常单独或成对在浅水处涉水觅食，主要以水生昆虫、螺、虾、小鱼等为食。

青脚鹬（摄影　李长看）

民权黄河故道湿地观测及分析

民权黄河故道湿地有小种群分布，为夏候鸟。

青脚鹬（摄影　李长看）

63. 白腰草鹬 *Tringa ochropus*

【保护级别】三有鸟类。

【形态特征】体长约 32 cm，体型矮壮。体羽深褐色；前额、头顶、后颈黑褐色具白色条纹。前颈、胸部和上胁部具灰棕色条纹。下体和腰部白色，尾白色具有黑色横斑。虹膜褐色；嘴暗橄榄色；脚暗橄榄色。

【生活习性】主要栖息于山地或平原森林中的河流、湖泊、沼泽和水塘附近。常在浅水或地面植物的表面啄食，主要以小型无脊椎动物为食。

鹬科

Scolopacidae

白腰草鹬（摄影　李长看）

民权黄河故道湿地观测及分析

民权黄河故道湿地有小种群分布，为夏候鸟。

白腰草鹬（摄影　李长看）

64. 林鹬 *Tringa glareola*

【保护级别】三有鸟类。

【形态特征】体长约 20 cm，纤细。体羽灰褐色，上体灰褐色具白色斑点。下体及腰部白色，尾部白色具褐色横斑。眉纹和喉部白色。虹膜褐色；嘴黑色；脚淡黄色至橄榄绿色。

【生活习性】主要栖息于林中或林缘湖泊、沼泽、水塘和溪流岸边。性胆怯而机警，常沿水行走觅食。主要以昆虫、软体类、甲壳类等小型无脊椎动物为食。

民权黄河故道湿地观测及分析

　　民权黄河故道湿地有小种群分布，为旅鸟。

林鹬（摄影　王恒瑞）

65. 矶鹬 *Actitis hypoleucos*

【保护级别】三有鸟类。

【形态特征】体长约 20 cm。上体褐色，飞羽近黑色，具有白眼圈，眉纹白色；下体白色，上胸有细的黑色纵斑。翼角前方有由胸腹部延伸的白色横斑。飞行时具有明显的折色翼带。外侧尾羽白色，上有黑斑。虹膜褐色；嘴深灰色；脚橄榄绿色。

【生活习性】主要栖息于沿海滩涂、沙洲、山地稻田及溪流、河流两岸，喜欢沿水边跑跑停停，行走时头不停地点动，停息时尾羽不停地上下摆动。喜欢吃昆虫、螺类、蠕虫。

矶鹬（摄影　李长看）

民权黄河故道湿地观测及分析

民权黄河故道湿地有小种群分布，为旅鸟。

鹬科

Scolopacidae

矶鹬（摄影　王恒瑞）

66. 黑腹滨鹬 *Calidris alpina*

【保护级别】三有鸟类。

【形态特征】体长约 19cm，嘴适中，偏灰色。夏季上体棕色，下体白色，头灰褐色，有一道白色眉纹；颈与胸具黑褐色纵纹，腹部有大型黑斑；尾中央黑色，两侧白色。冬季上体灰色，下体白色，颈和胸侧有灰褐色纵纹。虹膜褐色；嘴黑色，较长而微向下弯；脚绿灰色。

【生活习性】常成群活动于海滨、沼泽及江河、湖泊岸边浅水处。以软体动物、昆虫为食。

> **民权黄河故道湿地观测及分析**
>
> 民权黄河故道湿地有小种群分布，为旅鸟。

黑腹滨鹬（摄影　王恒瑞）

燕䴓科

Glareolidae

（十三）燕䴓科 Glareolidae

67. 普通燕䴓 *Glareola maldivarum*

【保护级别】三有鸟类。

【形态特征】体型略小，体长约 25 cm。喉部黄色具黑色边缘；上体棕褐色具橄榄色光泽，两翼长、近黑色，腹部灰色，尾叉形，覆羽白色。虹膜深褐色；嘴黑色，嘴基猩红色；脚深褐色。

【生活习性】栖息于湖泊、河流、水塘和沼泽地带，常呈小群活动，频繁地飞翔于水域和沼泽上空，以小鱼、虾等为食。

民权黄河故道湿地观测及分析

民权黄河故道湿地有小种群分布，为夏候鸟。

普通燕䴓（摄影　李长看）

鸥科

Laridae

（十四）鸥科 Laridae

68. 红嘴鸥 *Chroicocephalus ridibundus*

【保护级别】三有鸟类。

【形态特征】体长约 40cm，中等体型的灰色及白色鸥。嘴、脚红色；头颈暗褐色，故又名"黑头鸥"，上背及覆羽白色，下背、肩、腰为灰色，下体白色。虹膜褐色；亚成体嘴尖黑色、脚色较淡。

【生活习性】主要栖息于河流、湖泊、沿海，常成群活动于水面。以昆虫、鱼虾等为食。红嘴鸥喜欢追逐舰船，啄食船尾螺旋桨激起的小鱼虾。

红嘴鸥（摄影 王恒瑞）

民权黄河故道湿地观测及分析

民权黄河故道湿地有较大种群分布，为冬候鸟。

红嘴鸥（摄影 王恒瑞）

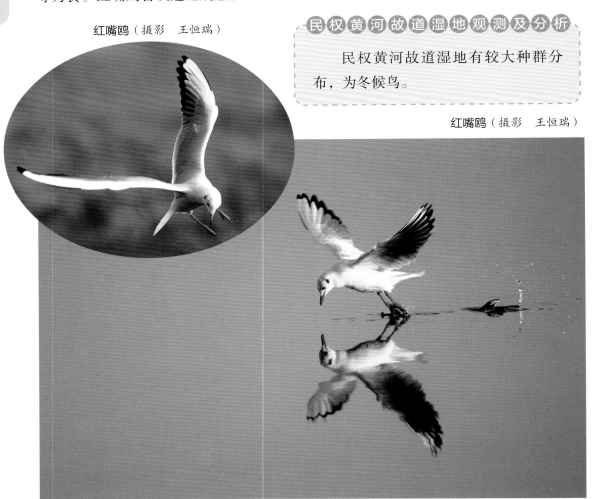

69. 西伯利亚银鸥 *Larus smithsonianus*

【保护级别】三有鸟类。

【形态特征】体长约 62 cm，大型灰色鸥类。背部和两翅深灰色，翼端黑色；下体纯白色。虹膜浅黄至偏褐色；嘴黄色，具红点；脚粉红色。

【生活习性】主要栖息于港湾、岛屿、岩礁近海沿岸、湖泊及江河附近。喜集群低飞于水面上空，跟随来往的船舶，索食船中的遗弃物。主要以鱼、虾、海星和陆地上的蝗虫、鼠类等为食。

民权黄河故道湿地观测及分析

民权黄河故道湿地有小种群分布，为冬候鸟。

鸥科

Laridae

西伯利亚银鸥（摄影 王恒瑞）

西伯利亚银鸥（成体、亚成体）（摄影 李长看）

西伯利亚银鸥（亚成体）（摄影 乔春平）

70. 白额燕鸥 *Sternula albifrons*

【保护级别】三有鸟类。

【形态特征】体长约 24 cm，浅色燕鸥。繁殖期头顶、颈背及贯眼纹黑色，因额白色而得名。冬季头顶及颈背黑色减少，仅后顶和枕部黑色。虹膜褐色；嘴黄色具黑色嘴端（夏）或黑色；脚黄色。

【生活习性】主要栖息于海岸、河口、沼泽、岛屿、内陆湖泊等生境。常集群活动，发现猎物后悬停空中，垂直降至水面捕捉，或潜入水中追捕。主要以水生昆虫、鱼虾等为食。

鸥科

Laridae

民权黄河故道湿地观测及分析

民权黄河故道湿地有较大种群分布，为夏候鸟。

白额燕鸥（亚成体）（摄影　王恒瑞）

白额燕鸥（摄影　王恒瑞）

鸥科

Laridae

71. 普通燕鸥 *Sterna hirundo*

【保护级别】三有鸟类。

【形态特征】体长约 35 cm，体型略小，头顶黑色。上体灰色，下体灰白色，尾深叉形。虹膜褐色；嘴：冬季黑色，夏季红色；脚偏红色。

【生活习性】主要栖息于沿海及内陆水域。飞行有力，从高处冲入水面取食。主要以小鱼、虾、甲壳类、昆虫等小型动物为食。雄鸟会把鱼送给雌鸟以示求爱。

普通燕鸥（亚成体）（摄影　李长看）

民权黄河故道湿地观测及分析

　　民权黄河故道湿地有较大种群分布，为夏候鸟。

普通燕鸥（摄影　李长看）

八、鹳形目 | **Ciconiiformes**

　　大、中型涉禽。颈和脚均长，脚适于步行；嘴形侧扁而长直；胫的下部裸出；后趾发达，与前趾同在一平面上。雌雄鸟相似。

　　世界性分布，广布于内陆及沿海地带。鹳形目包括1科6属19种。中国分布有1科4属7种，民权黄河故道湿地分布有1科2种。

东方白鹳（摄影　马超）

（十五）鹳科 Ciconiidae

72. 黑鹳 *Ciconia nigra*

【保护级别】国家一级保护鸟类。

【形态特征】体长约 100 cm，黑色鹳。上体、前胸、颈部黑色，黑色部位具绿色和紫色的光泽；下胸、腹部及尾下白色；飞行时翼下黑色，仅三级飞羽及次级飞羽内侧白色。眼周裸露皮肤红色。亚成体上体褐色，下体白色。虹膜褐色；嘴红色，粗壮且直；脚红色。

【生活习性】主要栖息于池塘、湖泊、沼泽、河流沿岸及河口。性惧人。冬季有时结小群活动。以甲壳类、鱼类、蛙类等小型动物为食。

民权黄河故道湿地观测及分析

民权黄河故道湿地罕见，为旅鸟。

黑鹳（摄影　王恒瑞）

黑鹳（亚成体）（摄影 李长看）

黑鹳（摄影 李长看）

73. 东方白鹳 *Ciconia boyciana*

【保护级别】国家一级保护鸟类。

【形态特征】体长约 105 cm，纯白色鹳，大型涉禽。眼周裸露皮肤粉红；通体白色，两翼黑色，飞行时黑色初级飞羽及次级飞羽与纯白色体羽成强烈对比。亚成体污黄白色。虹膜稍白；嘴黑色、厚而直；脚红色。

【生活习性】主要栖息于河滩、沼泽。于输电线塔、树顶、烟囱顶营巢。冬季结群活动，取食于湿地，以小型动物为食。飞行时常随热气流盘旋上升。

> 民权黄河故道湿地观测及分析
>
> 　　民权黄河故道湿地罕见，2016—2017 年越冬季记录到 33 只的较大种群；2018—2019 年越冬期，记录到至少 5 只的种群，栖息于由退塘还湿修复的浅水区域。为旅鸟或冬候鸟。

东方白鹳（摄影　蔺艳芳）

东方白鹳（摄影　马超）

东方白鹳（摄影　马超）

九、鹲鸟目 Suliformes

　　大、中型海洋性鸟类。喙粗壮，长而尖，上喙具鼻沟，尖端带钩明显。两翼尖长或短圆；脚短且多具全蹼；尾长，呈深叉形或楔形。雌雄同色，体羽以黑色、白色和褐色为主。飞翔能力极强。多数种类善于游泳和潜水，以鱼类和其他水生动物为食。

　　世界性分布，广布于内陆及沿海地带。鹲鸟目包括4科8属61种。中国分布有3科4属12种，民权黄河故道湿地分布有1科1种。

普通鸬鹚（摄影　李长看）

（十六）鸬鹚科 Phalacrocoracidae

74. 普通鸬鹚 *Phalacrocorax carbo*

【保护级别】三有鸟类。

【形态特征】大型水鸟，体长约 90 cm。通体黑色，具金属光泽；嘴角和喉囊黄绿色，眼后下方白色，繁殖期间脸部有红色斑，头颈有白色丝状羽，下胁具白斑。虹膜蓝色；嘴黑色；脚黑色。

【生活习性】主要栖息于河流、湖泊、池塘、水库、河口及其沼泽地带。常成小群活动，善游泳和潜水，游泳时颈向上伸得很直，头微向上倾斜，潜水时首先半跃出

民权黄河故道湿地观测及分析

民权黄河故道湿地分布有千只大种群，集群栖息于湖边的毛白杨树上，为冬候鸟。

普通鸬鹚（摄影　李长看）

水面，再翻身潜入水下。主要以各种鱼类为食。鸬鹚是著名的捕鱼能手，我国驯养鸬鹚捕鱼已有千年历史。唐代诗人杜荀鹤《鸬鹚》诗中说："一般毛羽结群飞，雨岸烟汀好景时。深水有鱼衔得出，看来却是鸬鹚饥。"

普通鸬鹚（摄影　李长看）

普通鸬鹚（摄影　王恒瑞）

十、鹈形目 Pelecaniformes

　　中、大型涉禽和游禽。翼宽阔，尾羽较短。喙长，先端具钩，适于啄、捕鱼类；腿长、颈长；大多具全蹼或蹼不发达，四趾均朝前；鹈鹕嘴下常常有发育程度不同的喉囊。以鱼、软体动物等为食。

　　大多分布于温带、热带内陆及沿海地带。鹈形目包括5科34属118种。中国分布有3科15属35种，民权黄河故道湿地分布有3科12种。

白琵鹭（摄影　李长看）

（十七）鹮科 Threskiornithidae

75. 白琵鹭 *Platalea leucorodia*

【保护级别】国家二级保护鸟类。

【形态特征】大型涉禽，体长约 84 cm，白色琵鹭。嘴灰色、前端黄色，因嘴扁平宽大呈琵琶形而得名；通体白色，头部裸出部位呈黄色，冠羽、胸黄色（冬羽无）。

【生活习性】主要栖息于人烟稀少的沼泽、河滩，喜泥泞水塘、湖泊或泥滩，在水中缓慢前进，嘴往两旁甩动以寻找食物。以小型动物为食，亦食水生植物。

民权黄河故道湿地观测及分析

民权黄河故道湿地常见 10 只以上的较大种群。多与大白鹭、苍鹭伴生，警戒距离较远，通常是体大的大白鹭较早发出预警、起飞，白琵鹭相继飞离。该区域为冬候鸟。

白琵鹭（摄影 李长看）

白琵鹭（摄影　李长看）

白琵鹭（摄影　赵宗英）

鹭科

Ardeidae

（十八）鹭科 Ardeidae

76. 大麻鳽 *Botaurus stellaris*

【保护级别】三有鸟类。

【形态特征】大型涉禽，体长 59~77 cm。身较粗胖，全身麻褐色；头黑褐色，背黄褐色，具粗的黑褐色斑点；下体淡黄褐色，具黑褐色粗纵纹。虹膜黄色；嘴黄色，嘴粗而尖；脚绿黄色，粗短。

【生活习性】主要栖息于河流、湖泊、池塘、沼泽。除繁殖期外，常单独活动；夜行性，多在黄昏和晚上活动，白天多隐蔽在水边芦苇丛和其他草丛中。保护色与环境高度相似，隐蔽性极强，难以被发现。主要以鱼、虾、蛙、蟹、螺、水生昆虫等为食。

民权黄河故道湿地观测及分析

　　民权黄河故道湿地有分布，罕见，为冬候鸟。

大麻鳽（摄影　赵宗英）

77. 黄斑苇鳽 *Ixobrychus sinensis*

【保护级别】三有鸟类。

【形态特征】中型涉禽，体长约 32 cm。成鸟顶冠黑色，上体淡黄褐色，下体皮黄色，黑色的飞羽与皮黄色的覆羽成强烈对比。虹膜黄色；嘴绿褐色；脚黄绿色。

【生活习性】主要栖息于河流及湖泊边的芦苇丛，也喜稻田。常单独或成对活动，于晨、昏常沿沼泽地芦苇塘飞翔或在浅水处涉水觅食。性甚机警，遇有干扰，立刻仁立不动，向上伸长头颈观望。主要以小鱼、虾、蛙、水生昆虫等为食。

鹭科

Ardeidae

黄斑苇鳽育雏（摄影　李长看）

民权黄河故道湿地观测及分析
　　民权黄河故道湿地有分布，为夏候鸟。

黄斑苇鳽（摄影　王恒瑞）

78. 夜鹭 *Nycticorax nycticorax*

【保护级别】三有鸟类。

【形态特征】中型涉禽，体长 50~60 cm。成鸟头顶、后颈、枕、背部黑色；冠羽纤细，2~3 根，白色；下体白色；翅及尾羽灰色。亚成体与成鸟体色差异很大，全身棕色，具有纵纹和点斑，似绿鹭。虹膜：亚成体黄色，成鸟鲜红色；嘴黑色；脚污黄色。

【生活习性】主要栖息于稻田、溪流、湖泊、沼泽。以动物性食物为主。白天栖息于高大树木上，夜间飞临水边捕食鱼、虾等水生动物。

> **民权黄河故道湿地观测及分析**
>
> 民权黄河故道湿地有较大种群分布，系优势鸟种，为夏候鸟，部分为留鸟。

夜鹭（摄影　李长看）

夜鹭（摄影　王恒瑞）

夜鹭（亚成体）（摄影　王恒瑞）

79. 池鹭 *Ardeola bacchus*

【保护级别】三有鸟类。

【形态特征】中型涉禽，体长约 50 cm。翼白色，体具褐色纵纹。繁殖羽：头及颈深栗色，胸紫酱色。冬季：站立时具褐色纵纹，飞行时体白色而背部深褐色。虹膜褐色；嘴黄色；腿及脚绿灰色。

【生活习性】主要栖息于池塘、稻田、沼泽。喜群栖。主要以小鱼、蛙等水生动物，昆虫等为食。

民权黄河故道湿地观测及分析

　　民权黄河故道湿地有千只以上的种群，为夏候鸟。

池鹭（摄影　王恒瑞）

池鹭（亚成体）（摄影　李长看）

80. 牛背鹭 *Bubulcus ibis*

【**保护级别**】三有鸟类。

【**形态特征**】中型涉禽，体长约 50 cm，白色鹭鸟。繁殖期头、颈、喉及背部中央的蓑羽橙黄色，身体余部白色。冬羽全白色，背部无蓑羽。与白鹭相比较，体型较粗壮，颈较短而头圆，嘴较短厚。虹膜黄色；嘴黄色；脚暗黄色至近黑色。

【**生活习性**】主要栖息于稻田、沼泽、河流，成对或小群活动。牛背鹭是目前世界上唯一以昆虫为主食的鹭类，常与水牛结伴"互利共生"，啄食水牛身体上的寄生虫，捕食水牛行走时惊起的昆虫。

牛背鹭（摄影　王恒瑞）

民权黄河故道湿地观测及分析

　　民权黄河故道湿地有小种群分布，为夏候鸟。

牛背鹭（摄影　李艳霞）

81. 苍鹭 *Ardea cinerea*

【保护级别】三有鸟类。

【形态特征】大型涉禽，体长约100 cm，腿长约40 cm，翼展长度约140 cm。体羽大部灰色，胸、腹两侧有两条大的紫黑色斑纹；喙长、颈长、腿长，适于涉水取食；4趾在一个平面上，后趾发达。虹膜黄色；嘴黄绿色；脚偏黑色。

【生活习性】主要栖息于河流、湖泊、水塘、稻田、沼泽等水域岸边或浅水处。性寂静、有耐力；因其常站立于浅水中，久而不动，静等猎物游来而捕食之，故谓

苍鹭（亚成体）（摄影 李长看）

民权黄河故道湿地观测及分析

民权黄河故道湿地有较大的繁殖种群，为留鸟。

苍鹭（摄影 李菁钰）

之"老等"。冬季有时成大群；飞行时翼显沉重；亦停栖于树上。取食于湿地，主要以鱼类、蛙类等水生动物为食。

苍鹭（摄影 李振中）

苍鹭（亚成体）（摄影 李振中）

82. 草鹭 *Ardea purpurea*

【保护级别】三有鸟类。

【形态特征】大型涉禽，体长 80~100 cm，腿长约 40 cm，翼展长度约 120 cm。上体蓝黑色，并间具栗褐色，其余体羽红褐色；颈细长，棕色，具黑色纵纹；胸前具银灰色的矛状饰羽。虹膜黄色；嘴褐色；脚红褐色。

【生活习性】主要栖息于湖泊、溪流、稻田或水域附近的灌丛等生境。行动迟缓，常在水边浅水处低头觅食，或长时间站立不动。主要以小鱼、蛙、甲壳类、蜥蜴和蝗虫等为食。

民权黄河故道湿地观测及分析

　　民权黄河故道湿地有分布，罕见，为夏候鸟。

草鹭（摄影　刘东洋）

草鹭（摄影　李长看）

草鹭（摄影　刘东洋）

鹭科

Ardeidae

83. 大白鹭 *Ardea alba*

【保护级别】三有鸟类。

【形态特征】大型涉禽，体长 95~110 cm，腿长约 40 cm，翼展长度约 110 cm 的白鹭。嘴较厚重，颈部具一颈结。繁殖期，脸颊裸露皮肤蓝绿色，嘴黑色，腿部裸露皮肤红色；非繁殖期，脸颊裸露皮肤黄色。嘴黄色而嘴端常为深色；脚及腿黑色；虹膜黄色。

【生活习性】主要栖息于低山丘陵和平原地带的河流、湖泊、海滨、河口及其沼泽地带。主要以鱼类、蛙类等水生动物为食。大白鹭羽色洁白，姿态高雅，如诗如画。宋人徐元杰诗作"花开红树乱莺啼，草长平湖白鹭飞"颇为传神。

民权黄河故道湿地观测及分析

民权黄河故道湿地有较大的繁殖种群，为夏候鸟或留鸟。

大白鹭（摄影　李长看）

大白鹭（摄影　刘东洋）

大白鹭（摄影　陈畅）

84. 中白鹭 *Ardea intermedia*

【保护级别】三有鸟类。

【形态特征】体长 62~70 cm，白色鹭。体型在大白鹭与白鹭之间；通体白色，眼先黄色，嘴相对短，颈呈"S"形。繁殖期背及胸部有松软的长丝状羽，嘴及腿短期呈粉红色，脸部裸露皮肤灰色。虹膜黄色；嘴黄色，端褐色（也有可能是全黑的）；腿及脚黑色。

【生活习性】主要栖息于稻田、河湖、海滩。喜集群活动。主要以小型动物、昆虫等为食。其色彩鲜明，姿态高雅，古诗中多有赞美，杜甫的"两只黄鹂鸣翠柳，一行白鹭上青天"更为千古佳句。

民权黄河故道湿地观测及分析

民权黄河故道湿地有繁殖种群，为夏候鸟。

中白鹭（摄影　郭文）

85. 白鹭 *Egretta garzetta*

【**保护级别**】三有鸟类。

【**形态特征**】中型涉禽，体长 45~67 cm，腿长约 25 cm，翼展长度约 80 cm。全身白色，眼先粉红色，头顶有 2 根冠羽，前颈下部有矛状饰羽，背部具有蓑羽（冬羽无）；嘴及腿黑色，趾黄色；虹膜黄色。

【**生活习性**】栖息于池塘、稻田、湖泊。喜集群活动。主要以小型水生动物、昆虫等为食。白鹭气度飘逸，历代文人墨客多有赞美。唐代刘禹锡在《白鹭儿》赞曰："白鹭儿，最高格。毛衣新成雪不敌，众禽喧呼独凝寂。孤眠芊芊草，久立潺潺石。前山正无云，飞去入遥碧。"

民权黄河故道湿地观测及分析

民权黄河故道湿地有较大的繁殖种群，为夏候鸟，部分为留鸟。

鹭科

Ardeidae

白鹭（摄影　李长看）

（十九）鹈鹕科 Pelecanidae

86. 卷羽鹈鹕 *Pelecanus crispus*

【保护级别】国家一级保护鸟类。

【形态特征】大型游禽，体长约 175 cm。体羽灰白色，颈背具卷曲的冠羽；翼下白色，仅飞羽羽尖黑色；喉囊巨大，橘黄色或黄色，适于捕鱼；幼鸟用喙连头部一起伸入亲鸟喉囊内，取食半消化的食物。虹膜浅黄色，眼周裸露皮肤粉红色；嘴上颚灰色，下颚粉红色；脚近灰色。

【生活习性】主要栖息于河流、湖泊、沿海。喜群栖。主要以鱼为食，也食甲壳类和小型两栖类等。善飞翔，缩颈疾飞；善游泳，大口捕鱼吞入喉囊内，闭嘴缩喉排水而吞食。常营巢于高树上，产卵多为 3 枚，晚成鸟。

民权黄河故道湿地观测及分析

民权黄河故道湿地罕见，为旅鸟。

卷羽鹈鹕（摄影　郭文）

十一、鹰形目 Accipitriformes

　　昼行性猛禽。羽色以棕、黑、白为主，腹面的颜色比背面的颜色浅，有利于飞行猎捕中的隐蔽；矫健；嘴强大、弯曲，适于撕裂猎物以便吞食；脚和趾强健有力，3趾向前，1趾向后，呈不等趾型；两眼侧置，视力敏锐；翅强健，善于持久盘旋翱翔；鸟种体型差别很大；雌鸟体型多比雄鸟更大；肉食性；晚成鸟。

　　鹰形目广布于全球，包括4科75属266种。中国分布有2科24属55种，民权黄河故道湿地分布有2科7种。鹰形目鸟类全部列入2009年《世界自然保护联盟(IUCN)濒危物种红色名录》ver 3.1，为国家一、二级重点保护动物。

黑翅鸢（摄影　李长看）

（二十）鹗科 Pandionidae

87. 鹗 *Pandion haliaetus*

【保护级别】国家二级保护鸟类。

【形态特征】中等体型，体长约 55 cm。上体深褐色，头及下体白色，深色的短冠羽可竖立，具黑色贯眼纹为识别特征；虹膜黄色；嘴黑色，蜡膜灰色；脚灰色。

【生活习性】主要栖息于河流、湖泊、海岸、水库及水塘附近。单独或成对活动。擅长捕鱼，从空中直插入水捕食鱼类。

民权黄河故道湿地观测及分析

民权黄河故道湿地有少量分布，为旅鸟。

鹗（摄影　李艳霞）

（二十一）鹰科 Accipitridae

88. 黑翅鸢 *Elanus caeruleus*

【保护级别】国家二级保护鸟类；列入 2012 年《世界自然保护联盟（IUCN）濒危物种红色名录》ver 3.1，无危（LC）。

【形态特征】小型猛禽，体长约 33 cm。上体蓝灰色，下体白色；眼先、眼周、肩部具有黑斑；飞翔时初级飞羽下面黑色，和白色的下体成鲜明对照。尾较短，平尾，中间稍凹，呈浅叉状。虹膜红色；脚黄色；嘴黑色，蜡膜黄色。

【生活习性】栖息于开阔平原、草地、荒原和低山丘陵地带。常单独或小群在高空飞翔或振翅悬停。主要以小鸟、鼠类、两栖类、昆虫等为食。

黑翅鸢（雏鸟）（摄影　耿思玉）

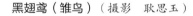

民权黄河故道湿地观测及分析

民权黄河故道湿地有少量分布，为留鸟。

黑翅鸢（摄影　李长看）

89. 黑鸢 *Milvus migrans*

【保护级别】国家二级保护鸟类；列入 2012 年《世界自然保护联盟（IUCN）濒危物种红色名录》ver 3.1，低危（LC）。

【形态特征】中型猛禽，体长 54~69 cm。上体暗褐色，下体棕褐色，均具黑褐色羽干纹，尾较长，呈叉状，具宽度相等的黑色和褐色相间排列的横斑；飞翔时翼下左右各有一块大的白斑。雌鸟显著大于雄鸟。虹膜棕色；嘴灰色，蜡膜黄色；脚黄色。

【生活习性】栖息于开阔平原、草地、荒原和低山丘陵地带。常单独或小群在高空飞翔，主要以小鸟、鼠类、昆虫等为食。

> **民权黄河故道湿地观测及分析**
>
> 民权黄河故道湿地有少量分布，为冬候鸟或旅鸟。

黑鸢（摄影 李长看）

黑鸢（摄影　李长看）

黑鸢（摄影　李长看）

90. 白腹鹞 *Circus spilonotus*

【保护级别】国家二级保护鸟类。

【形态特征】中型猛禽，体长 50~60 cm。雄鸟上体黑褐色，具污灰白色斑点；头顶至上背白色，具宽阔的黑褐色纵纹；下体近白色，喉和胸具黑褐色纵纹。雌鸟暗褐色，头顶至后颈皮黄白色，具锈色纵纹。雄鸟虹膜黄色，雌鸟及幼鸟浅褐色；嘴灰色；脚黄色。

【生活习性】喜开阔地，尤其是多草沼泽地带或芦苇地。滑翔低掠，有时停滞空中。主要以小型鸟类、啮齿类、蛙类和大型昆虫等为食。

民权黄河故道湿地观测及分析

民权黄河故道湿地有少量分布，为旅鸟。

白腹鹞（摄影 *yanyu guo*）

91. 白尾鹞 *Circus cyaneus*

【**保护级别**】国家二级保护鸟类。

【**形态特征**】体长 41~53 cm，雄鸟略大。雌雄异色。雄鸟上体蓝灰色，头和胸较暗，翅尖黑色，尾上覆羽白色，腹、两胁和翅下覆羽白色；白色的腰部特征鲜明。雌鸟上体暗褐色，尾上覆羽白色，下体皮黄白色或棕黄褐色，杂以粗的红褐色或暗棕褐色纵纹。虹膜浅褐色；嘴灰色；脚黄色。

【**生活习性**】主要栖息于平原和低山丘陵地带，尤其是平原湖泊、沿海沼泽和芦苇塘等开阔地区。主要以小型鸟类、鼠类、蛙和大型昆虫等为食。

民权黄河故道湿地观测及分析

民权黄河故道湿地有少量分布，为冬候鸟

白尾鹞（摄影　毕战平）

鹰科

Accipitridae

92. 大鵟 *Buteo hemilasius*

【保护级别】国家二级保护鸟类。

【形态特征】大型猛禽，体长 60~88 cm。有几种色型。上体暗褐色，下体浓茶色，喉和胸有暗褐色纹。虹膜黄色或偏白色；嘴蓝灰色，蜡膜黄绿色；脚黄色。

【生活习性】主要栖息于山地、平原等。多白天单独活动，强健有力，主要以小鸟、鼠类、野兔等为食。

民权黄河故道湿地观测及分析

民权黄河故道湿地有少量分布，为冬候鸟。

大鵟（摄影 李长看）

大鵟（摄影 李长看）

93. 普通鵟 *Buteo japonicus*

【保护级别】国家二级保护鸟类。

【形态特征】体型略大的猛禽，体长 48~53 cm。上体深红褐色；脸侧皮黄色具近红色细纹，栗色的髭纹显著；下体偏白色，具棕色纵纹，两胁及大腿沾棕色；翼宽而圆。虹膜黄色至褐色；嘴灰色，端黑色，蜡膜黄色；脚黄色。

【生活习性】喜开阔原野，在空中热气流上高高翱翔，在裸露树枝上歇息。主要以小鸟、鼠类等为食。

普通鵟（摄影　李长看）

民权黄河故道湿地观测及分析

民权黄河故道湿地有少量分布，为冬候鸟或旅鸟。

普通鵟（摄影　马继山）

十二、鸮形目 | Strigiformes

　　夜行性猛禽。全身羽毛色暗、柔软轻松，利于消音；头部宽大，羽毛排列成面盘，极似猫，故俗称"猫头鹰"；眼大，向前，适于夜视；耳孔特大，多左右不对称，利于夜间感知声音；喙坚强而钩曲，嘴基蜡膜为硬须掩盖；脚强健有力，常全部被羽，第 4 趾能向后反转，以利攀缘；雏鸟为晚成性；营巢于树洞或岩隙中。

　　鸮形目广布于全球各大陆的热带及其附近地区，包括 2 科 29 属 251 种。中国分布有 2 科 12 属 33 种，民权黄河故道湿地分布有 1 科 3 种。

纵纹腹小鸮（摄影　李长看）

（二十二）鸱鸮科 Strigidae

94. 纵纹腹小鸮 *Athene noctua*

【**保护级别**】国家二级保护鸟类。

【**形态特征**】体长 20~27 cm，无耳羽簇的小型鸮。上体褐色，具白色纵纹及点斑；头顶平，具浅色的平眉及宽阔的白色髭纹；肩上有两道白色或皮黄色的横斑；下体白色，具褐色杂斑及纵纹。虹膜亮黄色；嘴角质黄色；脚白色，被羽。

【**生活习性**】多栖息于低山丘陵及森林边缘地带，常在白天及晨昏活动。矮胖，好奇，常神经质地点头或转动；快速振翅做波状飞行。食物以鼠类为主，亦捕食小鸟等动物。

民权黄河故道湿地观测及分析

民权黄河故道湿地有分布，为留鸟。

纵纹腹小鸮（摄影　杨旭东）

纵纹腹小鸮（摄影　李长看）

纵纹腹小鸮（摄影　李长看）

95. 长耳鸮 *Asio otus*

【**保护级别**】国家二级保护鸟类。

【**形态特征**】体长约 36 cm，中等体型的鸮类。上体褐色，具暗色斑块及皮黄色和白色点斑；皮黄色，圆面盘，具两只长长的"耳朵"（通常不可见），长达 46~53 mm，故名"长耳鸮"；面庞中央部位呈明显白色"X"形。下体皮黄色，具棕色杂纹及褐色纵纹或斑块。虹膜橙黄色；嘴角质灰色；脚偏粉色。

【**生活习性**】主要栖息于林间。白天隐伏于树枝上，夜间活动（有时白天活动）。两翼长而窄，飞行从容。主要以昆虫、鼠类等为食。

民权黄河故道湿地有分布，为冬候鸟。

长耳鸮（摄影 李长看）

长耳鸮（摄影　王恒瑞）

长耳鸮（摄影　李全民）

鸱鸮科

Strigidae

96. 短耳鸮 *Asio flammeus*

【保护级别】国家二级保护鸟类。

【形态特征】体长约 38 cm，中等体型的黄褐色鸮类。上体黄褐色，布满黑色和皮黄色纵纹；下体皮黄色，具深褐色纵纹；翼长，面庞显著，短小的耳羽簇于野外不可见，眼为光艳的黄色。嘴深灰色；脚偏白。

【生活习性】主要栖息于山地、丘陵、林间，喜有杂草的开阔地。白天隐伏，晨昏活动。以鼠类为主，亦捕食小鸟等动物。

民权黄河故道湿地观测及分析

民权黄河故道湿地有小种群分布，为冬候鸟。

短耳鸮（摄影　王恒瑞）

短耳鸮（摄影 李全民）

十三、犀鸟目 | **Bucerotiformes**

　　大、中型攀禽类。体羽以黑色、棕色、白色为主。喙长而下弯，具发达的羽冠或盔突。在洞穴中筑巢繁衍。犀鸟是亚洲和非洲热带地区最有特色的鸟类，长着引人注目的大嘴，有些种类的嘴是空心的，大而轻；有些种类的嘴是实心的。既食果实，也食动物。

　　犀鸟目广布全球，包括4科19属74种。中国分布有2科6属6种，民权黄河故道湿地分布有1科1种。

戴胜（摄影　李艳霞）

（二十三）戴胜科 Upupidae

97. 戴胜 *Upupa epops*

【保护级别】三有鸟类。

【形态特征】攀禽类，体长约 24 cm。通体呈棕栗色；嘴长且下弯；头具显著羽冠，似"头戴优美的装饰"，故得名"戴胜"；上背、翼小覆羽棕褐色；下背、肩黑褐色；腰白色，尾上覆羽基白色而端黑色；尾羽黑色，中部横贯一宽阔白斑。虹膜褐色；嘴黑色；脚黑色。

【生活习性】主要栖息于开阔的园地和乡野间的树木上。以昆虫为食，兼食蚯蚓、螺类等。因不清理巢中污物，不惜把自己"搞臭"以御敌害，被奉为"厕神"，得名"臭姑姑"。诗人贾岛《题戴胜》中写道："星点花冠道士衣，紫阳宫女化身飞。能传上界春消息，若到蓬山莫放归。"

民权黄河故道湿地观测及分析

民权黄河故道湿地甚为常见，为留鸟。

戴胜（摄影　王恒瑞）

戴胜育雏（摄影　刘东洋）

戴胜清洁残渣（摄影　刘东洋）

十四、佛法僧目 Coraciiformes

　　小至大型攀禽。喙型多样，适应多种生活方式，腿短、脚弱、并趾型，翅短圆。大多穴居，雏鸟晚成性。分布广泛，形态结构多样，各科特化程度高；体型大小不一，生活方式多种多样。多数种类以昆虫和小动物为食，有些种类食鱼，有些种类食果实。

　　佛法僧目广布于全球，以温热带居多。佛法僧目包括6科35属178种。中国分布有3科11属22种，民权黄河故道湿地分布有1科3种。

普通翠鸟（摄影　蔺艳芳）

（二十四）翠鸟科 Alcedinidae

98. 普通翠鸟 *Alcedo atthis*

【保护级别】三有鸟类。

【形态特征】小型攀禽类，体长约 15 cm。上体金属样浅蓝绿色，颈侧具白色点斑；下体橙棕色，颏白色；飞羽黑褐色，尾暗蓝色，胸以下栗棕色。虹膜褐色；嘴黑色（雄鸟），下颚橘黄色（雌鸟）；脚红色。

【生活习性】性孤独，常独自栖息于临水的树枝或岩石上。主要以小鱼为食，兼

民权黄河故道湿地观测及分析

　　民权黄河故道湿地甚为常见，为留鸟。

普通翠鸟（摄影　白瑞霞）

普通翠鸟（摄影　李长看）

食昆虫。翠鸟自古以来多入诗入画，唐诗《衔鱼翠鸟》："有意莲叶间，瞥然下高树。擘波得潜鱼，一点翠光去。"

普通翠鸟（摄影　蔺艳芳）

翠鸟科

Alcedinidae

99. 冠鱼狗 *Megaceryle lugubris*

【保护级别】三有鸟类。

【形态特征】体长 24~26 cm，中等体型的黑白色鸟类。嘴粗直，长而坚；上体体羽黑色，具规则的波纹状白色斑点；羽冠显著，黑底白斑；下体大部白色，前胸具显著的黑色斑块；雄鸟翼下白色，雌鸟翼下黄棕色。虹膜褐色；嘴黑色；脚褐色。

【生活习性】主要栖息于林中溪流、清澈而缓流的小河、湖泊湿地。喜站立于水域附近的输电线上瞭望，伺机捕食。主要捕食小鱼，兼吃小型蛙类、甲壳类、水生昆虫及其幼虫，以及少量水生植物。

民权黄河故道湿地观测及分析

民权黄河故道湿地偶见，为留鸟。

冠鱼狗（左雌、右雄）（摄影 周克勤）

100. 斑鱼狗 *Ceryle rudis*

【**保护级别**】三有鸟类。

【**形态特征**】体长约 27 cm，中等体型，黑白色。上体黑色而多具白点，初级飞羽及尾羽基部白色而稍黑。下体白色，雄鸟有两条黑色胸带，前面一条较宽，后面一条较窄；雌鸟仅一条胸带。虹膜褐色；嘴黑色；脚黑色。与冠鱼狗的区别：体型较小，冠羽较小，具显眼白色眉纹。

【**生活习性**】主要栖息于低山至平原溪流、湖泊等水域。能够悬停于空中，因善于捕鱼而闻名。食物以小鱼为主，兼吃小型蛙类、甲壳类、多种水生昆虫及其幼虫。

民权黄河故道湿地观测及分析

民权黄河故道湿地偶见，为留鸟。

斑鱼狗（摄影　王争亚）

翠鸟科　Alcedinidae

十五、啄木鸟目 Piciformes

中、小型攀禽。喙粗壮、长直如凿状；舌结构特殊，能伸出口外很长，钩取昆虫；对趾型足；尾羽多具坚硬的羽干，似第3足，支撑凿木。为林鸟，以昆虫，尤以树皮下昆虫为主食；多在树干凿洞为巢，雏鸟晚成性。

啄木鸟目广布全球，包括9科71属445种。中国分布有3科19属43种；民权黄河故道湿地分布有1科3种。

灰头绿啄木鸟（摄影 蔺艳芳）

（二十五）啄木鸟科 Picidae

101. 斑姬啄木鸟 *Picumnus innominatus*

【保护级别】三有鸟类。

【形态特征】体长约 10 cm，体型纤小。上体橄榄绿色，下体乳白色，杂有黑色斑点横纹；眉纹白色，过眼纹棕色，喉部及颏部近白色；中央尾羽白色。雄鸟前额圆斑橘黄色。虹膜红色；嘴近黑色；脚灰色。

【生活习性】主要栖息于常绿阔叶林、竹林。常单独活动，多在地上或树枝上觅食。主要以昆虫为食。

民权黄河故道湿地观测及分析
民权黄河故道湿地有分布，为留鸟。

斑姬啄木鸟（摄影　杨旭东）

斑姬啄木鸟（摄影 杨旭东）

102. 灰头绿啄木鸟 *Picus canus*

【**保护级别**】三有鸟类。

【**形态特征**】中型攀禽，体长 20~25 cm。体羽绿色，下体灰色；头灰色，眼先和枕部黑色。飞羽黑色，具白色横斑。雄鸟头顶红色，雌鸟头顶黑色或灰色。喙粗壮，长直如凿状；尾羽具坚硬的羽干，似第 3 足，支撑凿木。虹膜红褐色；嘴近灰色；脚蓝灰色。

【**生活习性**】主要栖息于低山阔叶林和混交林。常单独或成对活动，鲜见成群；飞行迅速，成波浪式前进；在树木上攀沿凿洞觅食，用长舌粘钩出树皮下或木质部里的幼虫；以各种昆虫为主食，偶食植物果实和种子。

灰头绿啄木鸟（摄影　李长看）

民权黄河故道湿地观测及分析

民权黄河故道湿地甚为常见，为留鸟。

灰头绿啄木鸟（摄影　李长看）

啄木鸟科

Picidae

103. 大斑啄木鸟 *Dendrocopos major*

【**保护级别**】三有鸟类。

【**形态特征**】中型攀禽，体长 20~25 cm。体羽黑白相间，上体黑色，下体白色；颈侧具黑色宽纹；肩部和两翼具白色斑点；尾下覆羽红色。雄鸟头顶红色，雌鸟头顶、枕部及后颈黑色。虹膜近红色；嘴灰色；脚灰色。

【**生活习性**】主要栖息于山地和平原针叶林、针阔叶混交林和阔叶林。多在树干和粗枝上觅食，主要以甲虫、小蠹虫、蝗虫等昆虫为食。

民权黄河故道湿地观测及分析

民权黄河故道湿地较为常见，为留鸟。

大斑啄木鸟（摄影　李长看）

十六、隼形目 | Falconiformes

　　昼行性中、小型猛禽。体型矫健，飞行迅捷；嘴短而弯曲，适于撕裂猎物吞食；两眼侧置，视力敏锐，可远距离锁定猎物；翅较狭尖，扇翅频率高，速度极快；脚和趾强健有力，趾端钩爪锐利，通常3趾向前，1趾向后，呈不等趾型。体羽色较单调，多数为暗色。雌雄共同哺育后代，雏鸟晚成性。

　　隼形目广布全球，包括4科75属266种。中国分布有2科24属55种，民权黄河故道湿地分布有1科3种。

红隼（摄影　李长看）

（二十六）隼科 Falconidae

104. 红隼 *Falco tinnunculus*

【保护级别】国家二级保护鸟类。

【形态特征】小型猛禽，体长约 33 cm。体羽赤褐色。雄鸟头顶及颈背灰色，尾蓝灰色无横斑，上体赤褐色略具黑色横斑，下体皮黄色而具黑色纵纹；雌鸟体型略大，上体全褐色，比雄鸟少赤褐色而多粗横斑。虹膜褐色；嘴灰色而端黑色，蜡膜黄色；脚黄色。

【生活习性】主要栖息于混合林、旷野灌丛草地，停栖在柱子或输电线、塔上。喜在空中盘旋或悬停，寻找目标，猛扑猎物。主要以鼠类等小型动物为食。

民权黄河故道湿地观测及分析

民权黄河故道湿地有少量分布，为留鸟。

红隼（摄影　李长看）

红隼（摄影　李长看）

105. 红脚隼 *Falco amurensis*

【保护级别】国家二级保护鸟类。

【形态特征】小型猛禽，体长约31 cm，灰色隼。腿、腹部及臀棕色；飞行时白色的翼下覆羽为其特征；雌鸟额白色，头顶灰色具黑色纵纹；背及尾灰色，尾具黑色横斑；喉白色，眼下具偏黑色线条；下体乳白色，胸具醒目的黑色纵纹，腹部具黑色横斑；翼下白色并具黑色点斑及横斑。虹膜褐色；嘴灰色，蜡膜红色；脚红色。

【生活习性】主要栖息于低山、丘陵地区、林缘、山脚平原、山谷和农田等开阔地区。停栖在柱子或输电线、塔上。黄昏后捕捉昆虫，有时结群捕食。

民权黄河故道湿地观测及分析

民权黄河故道湿地有少量分布，为旅鸟。

红脚隼（雄性）（摄影　王恒瑞）

红脚隼（雌性）（摄影　王恒瑞）

106. 游隼 *Falco peregrinus*

【保护级别】国家二级保护鸟类。

【形态特征】中型猛禽，体长约 45 cm，强壮，深色隼。雌鸟比雄鸟体大；成鸟头顶及脸颊近黑色或具黑色条纹；上体深灰色具黑色点斑及横纹；下体白色，胸具黑色纵纹，腹部、腿及尾下多具黑色横斑。亚成体褐色浓重，腹部具纵纹。虹膜黑色；嘴灰色，蜡膜黄色；腿及脚黄色。

【生活习性】栖息于山地、丘陵、沼泽、开阔的农田、耕地和村落附近等。常成对活动，在悬崖上筑巢。飞行甚快，并从高空呈螺旋形而下猛扑猎物。为世界上飞行最快的鸟种之一，有时做特技飞行。主要以小型鸟类为食，亦捕食鼠类。

民权黄河故道湿地观测及分析

民权黄河故道湿地有少量分布，为冬候鸟。

游隼（摄影 王恒瑞）

十七、雀形目 Passeriformes

　　中、小型鸣禽。喙形多样，适于多种类型的生活习性；腿细弱，跗跖后缘鳞片常愈合为整块鳞板；离趾型足，趾三前一后；鸣管结构及鸣肌复杂，大多善于鸣啭，叫声多变悦耳；常有复杂的占区、营巢、求偶行为；筑巢大多精巧，雏鸟晚成性。

　　雀形目种类及数量众多，占鸟类全部种类的一半以上。中国分布有55科，民权黄河故道湿地分布有 24 科 56 种。

震旦鸦雀（摄影　杨旭东）

（二十七）黄鹂科 Oriolidae

107. 黑枕黄鹂 *Oriolus chinensis*

【保护级别】三有鸟类。

【形态特征】体长 23~27 cm，中等体型的黄鹂。体羽大部分呈金黄色；嘴粗厚，嘴峰稍向下弯曲；因黑色过眼纹延至枕部而得名"黑枕黄鹂"；翅、飞羽和尾黑色。雄鸟体羽余部艳黄色，雌鸟色较暗淡，下背黄绿色。虹膜红色；嘴粉红色；脚近黑色。

【生活习性】主要栖息于低山丘陵和山脚平原地带的次生阔叶林、混交林，尤喜杨木林和栎树林。常留在树冠层活动，鸣叫洪亮悦耳，飞翔呈波浪式。常单独或成对活动，有时集小群。主要以昆虫为食，也食少量植物果实与种子。黄鹂羽色艳丽，鸣声悠扬，宋代梅尧臣《闻莺》诗中描写极为传神："最好声音最好听，似调歌舌更叮咛。高枝抛过低枝立，金羽修眉墨染翎。"

民权黄河故道湿地观测及分析

> 民权黄河故道湿地有少量分布，为夏候鸟。

黑枕黄鹂（雌性）（摄影　老冒）

黑枕黄鹂（雄性）（摄影　方太命）

（二十八）卷尾科 Dicruridae

108. 黑卷尾 *Dicrurus macrocercus*

【保护级别】三有鸟类。

【形态特征】体长 28~30 cm，中等体型的卷尾。体羽黑色，背和胸部具蓝绿色金属光泽。尾长呈叉状，最外侧尾羽最长且先端微曲上卷，故得名"卷尾"。虹膜棕红色；嘴及脚黑色。

【生活习性】主要栖息于低山丘陵和山脚平原的溪谷、田野、林地，在开阔地常立在树木、输电线、塔上。常成对或集小群活动，领域性甚强。主要以昆虫为食。

黑卷尾（摄影　李长看）

民权黄河故道湿地观测及分析

民权黄河故道湿地有少量分布，为夏候鸟。

黑卷尾（摄影　刘东洋）

卷尾科

Dicruridae

109. 发冠卷尾 *Dicrurus hottentottus*

【保护级别】三有鸟类。

【形态特征】体长 28~31 cm，体型略大。通体黑色具蓝绿色金属光泽。额部具发丝状羽冠，向后垂于背上；尾呈叉状尾，外侧羽端钝而上翘，形似竖琴。虹膜暗红褐色；嘴黑色；脚黑色。

【生活习性】主要栖息于低山丘陵和山脚沟谷地带，多在常绿阔叶林及次生林活动。白天多单独活动，晨昏常结群栖息于树上，飞行快而有力，具有领域性。夏季主食昆虫，冬季主食种子。

发冠卷尾（摄影 蔺艳芳）

民权黄河故道湿地观测及分析

民权黄河故道湿地有少量分布，为夏候鸟。

发冠卷尾（摄影 王争亚）

（二十九）王鹟科 Monarchidae

110. 寿带 *Terpsiphone incei*

【保护级别】三有鸟类。

【形态特征】有 14 个亚种。体长约 30 cm，身形优美，羽色艳丽。雄鸟有栗色、白色两种色型。中央两根尾羽长达身体的四五倍，形似绶带，故得名"寿带"。到了老年，全身羽毛成为白色，拖着白色的长尾，飞翔于林间，因而又得名"一枝花"。雌鸟尾羽较雄鸟短小。头部闪亮黑色，头顶冠羽，鸣叫时可耸起，白色型体羽纯白色，栗色型背栗色腹白色，翅亦为栗色。虹膜褐色；嘴蓝色；脚蓝色。

【生活习性】主要栖息于低山丘陵、平原地带的灌丛、疏林和林缘地带。杯状巢筑于树杈间，以树皮和禾草为巢材。主要捕食昆虫等，偶尔吃少量草籽，是消灭害虫的能手。

寿带（雄鸟栗色型）（摄影　王争亚）

民权黄河故道湿地观测及分析

　　民权黄河故道湿地有分布，为夏候鸟。

寿带育雏（摄影　李全民）

伯劳科

Laniidae

（三十）伯劳科 Laniidae

111. 红尾伯劳 *Lanius cristatus*

【保护级别】三有鸟类。

【形态特征】体长 19~20 cm，中等体型。喙粗壮、侧扁，先端具利钩及齿突；腿强健，趾具利爪；上体褐色，下体棕白色；颏、喉白色；前额灰色，眉纹白色，贯眼纹黑色，头顶灰色或红棕色；尾楔形，尾羽棕褐色，尾上覆羽红棕色。虹膜暗褐色；嘴黑色；脚灰黑色。

【生活习性】主要栖息于低山丘陵和山脚平原地带的灌丛、疏林和林缘地带。单独或成对活动。主要以昆虫为食，偶尔吃少量草籽。诗人孟郊在《临池曲》中歌曰："池中春蒲叶如带，紫菱成角莲子大。罗裙蝉鬓倚迎风，双双伯劳飞向东。"

民权黄河故道湿地观测及分析

　　民权黄河故道湿地有少量分布，为夏候鸟。

红尾伯劳（雌性）（摄影　李长看）

红尾伯劳（雄性）（摄影　王恒瑞）

112. 棕背伯劳 *Lanius schach*

【保护级别】三有鸟类。

【形态特征】体长 23~28 cm，体型略大的伯劳。喙粗壮、侧扁，先端具利钩及齿突；腿强健，趾具利爪；额、头顶、两翼黑色具白色翼斑，具黑色贯眼纹。颏、喉、胸及腹中心部位白色，背红棕色。尾长，黑色，外侧尾羽皮黄褐色。虹膜暗褐色；嘴黑色；脚黑色。

【生活习性】主要栖息于低山丘陵、山脚平原的次生阔叶林和混交林；除繁殖期成对活动外，多单独活动；性凶猛，领域性强，能击杀比自己体型还大的鸟，为雀形目中的"猛禽"；主要以昆虫为食，偶尔吃少量草籽。古人《西洲曲》中有"日暮伯劳飞，风吹乌桕树"的千古名句。

棕背伯劳（摄影　李长看）

民权黄河故道湿地观测及分析

民权黄河故道湿地有分布，为留鸟。

棕背伯劳（摄影　律国建）

伯劳科

Laniidae

113. 楔尾伯劳 *Lanius sphenocercus*

【保护级别】三有鸟类。

【形态特征】体长 28~31 cm，体型较大的伯劳。喙粗壮、侧扁，先端具利钩及齿突；腿强健，趾具利爪；贯眼纹黑色，体灰色，两翼黑色，飞羽基部白色，形成较宽的白色斑带。尾羽黑色，羽端具狭窄的白色，外侧尾羽白色。虹膜褐色；嘴灰色；脚黑色。

【生活习性】主要栖息于低山、平原、林缘和丘陵地带。常单独或成对活动，性凶猛。主要以昆虫为食，也捕食小型脊椎动物。

民权黄河故道湿地观测及分析

民权黄河故道湿地有少量分布，为夏候鸟。

楔尾伯劳（摄影　郭文）

（三十一）鸦科 Corvidae

114. 灰喜鹊 *Cyanopica cyanus*

【保护级别】三有鸟类。

【形态特征】体长 33~40 cm，体型较小的灰色鹊。额至后颈黑色，具蓝色金属光泽。背灰色，两翼灰蓝色，初级飞羽外缘端部白色。尾长呈凸状，灰蓝色，具白色端斑。虹膜褐色；嘴黑色；脚黑色。

【生活习性】主要栖息于低山丘陵和山脚平原地区的次生林、人工林、阔叶林、城市公园和城镇居民区。飞行时振翼快，做长距离的无声滑翔。多成小群活动，但繁殖期成对活动。杂食性，以动物性食物为主。一只灰喜鹊一年可消灭毛虫 15 000 条，是著名的食虫益鸟。

灰喜鹊（摄影　马继山）

民权黄河故道湿地观测及分析

民权黄河故道湿地有少量分布，为夏候鸟。

灰喜鹊（摄影　李长看）

鸦科

Corvidae

115. 喜鹊 *Pica pica*

【**保护级别**】三有鸟类。

【**形态特征**】体长 40~50 cm，体型略小的黑白色鹊。头、颈、胸、背、尾黑色，腹白色；两翼及尾黑色，具蓝绿色、绿色等光泽，翼上具大型白斑；尾呈楔形，远较翼长。虹膜褐色；嘴黑色；脚黑色。

【**生活习性**】栖息地多样，主要栖息于低山、丘陵、平原、农田及村镇。大多成对活动，喜欢将巢筑在居民区附近的乔木上，在居民点附近活动。冬日结大群。叫声响亮，性凶猛，机警。杂食性，主食昆虫，兼食种子。民间认为喜鹊是吉祥鸟，多入诗入画，有"喜鹊枝头叫，人心乐悠悠""喜鹊登梅报佳音"等佳句。

民权黄河故道湿地观测及分析

民权黄河故道湿地有大种群分布，为留鸟。

喜鹊（摄影　李长看）

喜鹊（摄影　李长看）

喜鹊（亚成体）（摄影　李长看）

116. 秃鼻乌鸦 *Corvus frugilegus*

【保护级别】三有鸟类。

【形态特征】体长 46~53 cm，体型略大的黑色鸦。体羽黑色，具光泽；鼻孔裸露，嘴黑色，基部裸露皮肤浅灰白色；飞行时尾端楔形，两翼较长窄，翼尖"手指"显著，头显突出。虹膜深褐色；嘴黑色；脚黑色。

【生活习性】主要栖息于低山、丘陵、平原、河流、农田和村庄；常成群活动。杂食性，既吃腐尸、昆虫、青蛙等，也吃植物种子。

民权黄河故道湿地观测及分析

民权黄河故道湿地有较大种群分布，为留鸟。

秃鼻乌鸦（摄影　闫国伟）

117. 小嘴乌鸦 *Corvus corone*

【**保护级别**】三有鸟类。

【**形态特征**】体长 45~53 cm，体型较大的黑色鸦。体羽黑色，带有紫绿色金属光泽；后颈的毛羽羽瓣较明显；嘴虽强劲但形显细小，基部被黑色羽，伸达鼻孔。虹膜褐色；嘴黑色；脚黑色。

【**生活习性**】主要栖息于低山、平原和山地阔叶林、针阔混交林、针叶林及人工林。喜结大群栖息越冬，多在树上停息，觅食则在地上快步或慢步行走，很少跳跃。杂食性，主要以无脊椎动物、腐尸、垃圾等为食。

民权黄河故道湿地观测及分析

民权黄河故道湿地有分布，为留鸟。

小嘴乌鸦（摄影　李长看）

小嘴乌鸦（摄影　许许多多）

鸦科

Corvidae

118. 大嘴乌鸦 *Corvus macrorhynchos*

【保护级别】三有鸟类。

【形态特征】体长 50~52 cm，体型较大的黑色鸦。通体黑色，体羽具紫绿色金属光泽；嘴甚粗厚，略弯曲，峰嵴明显，嘴基具长羽达鼻孔处，额隆起明显；尾长，呈楔状。虹膜褐色；嘴及脚黑色。

【生活习性】栖息于低山、平原和山地阔叶林、针阔叶混交林、针叶林、人工林等各种森林。繁殖期成对生活，其他季节常集群活动。性机警，多在树上或地上栖息，常伸颈张望和观察周围动静。适应能力很强，杂食性，主要以昆虫为食，也吃雏鸟、鼠类、动物尸体及植物果实、种子等。

民权黄河故道湿地观测及分析

民权黄河故道湿地有较大种群分布，为留鸟。

大嘴乌鸦（摄影 李长看）

大嘴乌鸦（摄影　李长看）

（三十二）山雀科 Paridae

119. 大山雀 *Parus cinereus*

【保护级别】三有鸟类。

【形态特征】中等体型的山雀，体长 13~15 cm。上体蓝灰色，背略带绿色，腹白沾黄色；头、喉黑色，因脸部具大块白斑而又名"白脸山雀"；翼上具一道醒目的白色条纹，一道黑色带沿胸中央而下，酷似领带。虹膜褐色；嘴黑色；脚暗褐色。

【生活习性】主要栖息于低山和山麓地带的次生林、阔叶林和针阔叶混交林、针叶林等。性活跃，常在树枝间穿梭跳跃，鸣声悦耳；成对或成小群活动。主要以昆虫为食，兼食草籽等。大山雀是著名益鸟，一天可捕食害虫 200 多条。

大山雀（摄影　李长看）

民权黄河故道湿地观测及分析

民权黄河故道湿地常见，为留鸟。

大山雀（摄影　王争亚）

（三十三）攀雀科 Remizidae

120. 中华攀雀 *Remiz consobrinus*

【保护级别】三有鸟类。

【形态特征】体型较小，体长 10~11 cm。顶冠灰色，脸罩黑色，上下缘具一圈白色羽毛。背部棕色，下体皮黄色，尾凹形。雌鸟及幼鸟似雄鸟但色暗，头顶和眼罩为褐色。虹膜深褐色；嘴灰黑色；脚蓝灰色。

【生活习性】栖息于平原地区阔叶林或疏林、芦苇丛、香蒲丛等。除繁殖期间单独或成对活动外，其他季节多成群。性活泼，常在树丛间飞来飞去。主要以昆虫为食。

民 权 黄 河 故 道 湿 地 观 测 及 分 析

民权黄河故道湿地常见，为留鸟。

中华攀雀（摄影 朱笑然）

（三十四）百灵科 Alaudidae

121. 凤头百灵 *Galerida cristata*

【保护级别】三有鸟类。

【形态特征】体型略大的百灵，体长 16~19 cm。上体沙褐色具近黑色纵纹，具冠羽，冠羽长而窄，尾覆羽皮黄色；下体浅皮黄色，胸密布近黑色纵纹；尾深褐色而两侧黄褐色。虹膜深褐色；嘴黄粉色，略长而下弯；脚偏粉色。

【生活习性】主要栖息于平原、旷野、半荒漠和荒漠边缘地带。繁殖期多结群活动，常于地面行走或振翅做波状飞行。主要以草籽、嫩芽、浆果等为食，也捕食昆虫。

凤头百灵（摄影 李长看）

民权黄河故道湿地观测及分析

民权黄河故道湿地常见，为留鸟。

凤头百灵（摄影 李长看）

122. 短趾百灵 *Alaudala cheleensis*

【保护级别】三有鸟类。

【形态特征】中等体型的百灵，体长 14~16 cm。上体沙棕色，具黑色纵纹；下体皮黄白色，上胸具深色的细小纵纹，外侧尾羽白色；眼先、眉纹和眼周白色或皮黄白色，颊和耳羽棕褐色。虹膜褐色；嘴黄褐色；脚肉色。

【生活习性】主要栖息于荒漠、平原、河滩，冬季栖息于农耕地。常成十几只小群活动，喜鸣叫，鸣声婉转动听。主要以杂草种子为食，也食少量昆虫。

短趾百灵（摄影 郭文）

百灵科

Alaudidae

民权黄河故道湿地观测及分析

民权黄河故道湿地罕见，为夏候鸟。

短趾百灵（摄影 郭文）

123. 云雀 *Alauda arvensis*

【保护级别】国家二级保护鸟类。

【形态特征】中等体型的百灵，体长 16~19 cm。头顶具羽冠，眉纹白色或棕白色；上体沙棕色，具黑色羽干纹；下体棕白色，胸具黑褐色纵纹；尾分叉，羽缘白色。虹膜深褐色；嘴黄褐色；脚肉色。

【生活习性】主要栖息于平原、旷野、农田地带。常集群在地面奔跑，做寻觅食物和嬉戏追逐活动。善鸣唱，鸣声柔美嘹亮。主要以植物种子、昆虫等为食。

民权黄河故道湿地观测及分析

民权黄河故道湿地常见，为留鸟。

云雀（摄影 王恒瑞）

云雀（摄影 王恒瑞）

（三十五）扇尾莺科 Cisticolidae

124. 棕扇尾莺 *Cisticola juncidis*

【保护级别】三有鸟类。

【形态特征】体小，体长 9~11 cm。体羽褐色，带黑色纵纹；腰及两胁黄褐色，下体棕黄色，胸、腹白色；尾凸状，端白色，中央尾羽最长，因尾羽展开时呈扇形而得名"扇尾莺"。虹膜褐色；嘴褐色；脚红色。

【生活习性】主要栖息于开阔草地、稻田、灌丛、沼泽及低矮的芦苇塘。繁殖期单独或成对活动，领域性强，冬季成小群活动。主要以昆虫为食，也食杂草种子等。

民权黄河故道湿地观测及分析

　　民权黄河故道湿地有分布，为夏候鸟。

棕扇尾莺（摄影　李振中）

（三十六）苇莺科 Acrocephalidae

125. 东方大苇莺 *Acrocephalus orientalis*

【保护级别】三有鸟类。

【形态特征】体型略大的苇莺，体长 16~19 cm。上体棕褐色，下体乳黄色，胸微具灰褐色纵纹；具显著的皮黄色眉纹；尾较短且尾端色浅。虹膜褐色；上嘴褐色，下嘴偏粉色；脚铅蓝色。

【生活习性】主要栖息于低山、丘陵和山脚平原地带，喜芦苇地、稻田、沼泽及低地次生灌丛。常单独或成对活动，夏季整日鸣叫不停。其巢常被大杜鹃产卵寄生。主要以昆虫为食。

民权黄河故道湿地观测及分析

民权黄河故道湿地常见，为夏候鸟。

东方大苇莺（摄影 李长看）

东方大苇莺（摄影　李长看）

东方大苇莺育雏（摄影　乔春平）

（三十七）燕科 Hirundinidae

126. 崖沙燕 *Riparia riparia*

【保护级别】三有鸟类。

【形态特征】体小，体长 12~14 cm。上体灰褐色或沙灰色，下体白色并具一道特征性的褐色胸带；喉白色，翅狭长而尖，脚短而细弱，趾三前一后，尾浅叉状。虹膜褐色；嘴及脚黑色。

【生活习性】喜栖息于湖泊、江河岸边的沟壑陡壁，近年来多选择城市基建开挖的沙质基坑和断壁掘成排的洞穴栖息繁育，被誉为"窑洞建筑师"。常集群活动，在水面或沼泽地上空飞翔，飞行轻快而敏捷，边飞边叫。主要以昆虫为食，尤其善于捕捉接近地面和水面低空飞行的昆虫。

民权黄河故道湿地观测及分析

民权黄河故道湿地有 2 处较大种群分布，为夏候鸟。

崖沙燕（摄影　李长看）

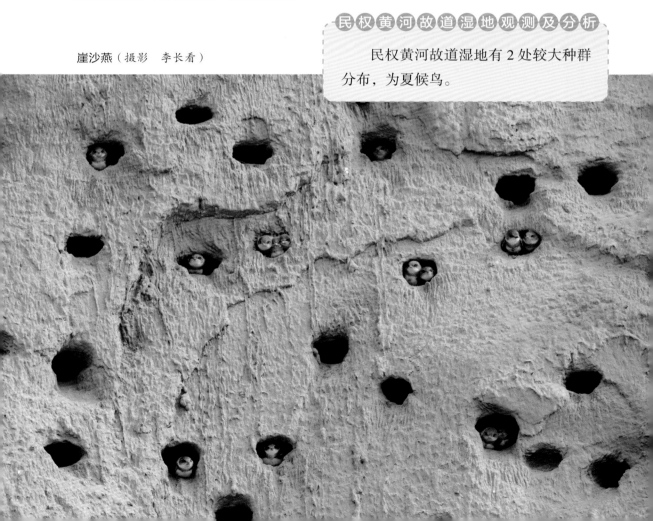

崖沙燕（摄影　李长看）

崖沙燕（摄影　郭杰）

127. 家燕 *Hirundo rustica*

【保护级别】三有鸟类。

【形态特征】中等体型，体长 15~19 cm。上体蓝黑色，具光泽；颏、喉、上胸栗色；胸部有 1 条不整齐的蓝黑色横带，胸、腹部白色，上具浓淡不等的黄色斑点；尾长，呈深叉状，近端处具白色点斑。虹膜褐色；嘴黑色；脚黑色。

【生活习性】主要栖息于人类居住环境中，筑巢于房檐屋下，巢精巧别致，筑一新巢需 11 天，用 1 400 块泥巴。在城乡附近，常成对、成群地栖息于房顶、电线、河滩、农田；在高空滑翔、盘旋，或低飞于地面或水面捕捉小昆虫。白居易有诗赞曰："须臾十来往，犹恐巢中饥。辛勤三十日，母瘦雏渐肥。"家燕春来秋往，故有"似曾相识燕归来"。家燕是著名益鸟，一窝燕子一个夏季可吃掉 100 万只昆虫，如果将一个个昆虫排起来长达 1 km。

民权黄河故道湿地观测及分析

民权黄河故道湿地有较大种群分布，为夏候鸟。

家燕（摄影　李长看）

家燕育雏（摄影 李长看）

家燕育雏（摄影 赵宗英）

128. 金腰燕 *Cecropis daurica*

【保护级别】三有鸟类。

【形态特征】体型较大的燕，体长 16~20 cm。上体蓝黑色，具金属光泽，因腰有棕栗色横带而得名"金腰燕"，后颈有栗黄色或棕栗色形成的领环；下体棕白色，具黑色细纵纹；尾长而叉深。虹膜褐色；嘴黑色；脚黑色。

【生活习性】主要栖息于低山丘陵和平原地区的村镇。习性与家燕相似，常结小群活动。性极活泼，飞行迅速而灵巧。休息时多停歇在房顶、屋檐、电线上。主要以昆虫为食，捕食飞行性昆虫。

民权黄河故道湿地观测及分析

民权黄河故道湿地有分布，为夏候鸟。

金腰燕（摄影　王恒瑞）

金腰燕（摄影 李长看）

金腰燕巢（摄影 李长看）

（三十八）鹎科 Pycnonotidae

129. 领雀嘴鹎 *Spizixos semitorques*

【保护级别】三有鸟类。

【形态特征】体型较大的绿色鹎，体长 17~21 cm。上体暗橄榄绿色，下体橄榄黄色；象牙色的嘴厚重，头及喉偏黑色，脸颊具白色细纹，颈背灰色，前颈有一白色颈环；尾黄绿色，具黑褐色端斑。虹膜褐色；嘴浅黄色；脚偏粉色。

【生活习性】主要栖息于低山丘陵和山脚平原林地，尤其是溪边沟谷灌丛、林缘疏林、次生林等。常成群活动，鸣声婉转悦耳。杂食性，主要以植物性食物为主，也捕食昆虫等动物性食物。

领雀嘴鹎（摄影　李长看）

民权黄河故道湿地观测及分析

民权黄河故道湿地有分布，为夏候鸟。

130. 黄臀鹎 *Pycnonotus xanthorrhous*

【**保护级别**】三有鸟类。

【**形态特征**】中等体型的鹎，体长 17~21 cm。上体土褐色，下体近白色；顶冠及颈背黑色；颏、喉白色，耳羽灰褐色或棕褐色。胸具灰褐色横带，因尾下覆羽黄色而得名"黄臀鹎"。虹膜褐色；嘴黑色；脚黑色。

【**生活习性**】主要栖息于低山、丘陵的次生阔叶林、栎林及混交林。除繁殖期成对活动外，其他季节成群活动。主要以植物果实和种子为食，也捕食昆虫等动物性食物。

民权黄河故道湿地观测及分析

民权黄河故道湿地有分布，为留鸟。

黄臀鹎（摄影　陈畅）

鹎科

Pycnonotidae

131. 白头鹎 *Pycnonotus sinensis*

【保护级别】三有鸟类。

【形态特征】中等体型的鹎，体长 17~21 cm。上体橄榄灰色，具黄绿色羽缘；额至头顶黑色，头顶略具羽冠；双翼橄榄绿色；眉和枕羽呈白色，所以又叫"白头翁"，幼鸟头橄榄色；颏、喉白色。胸带灰褐色，腹白色。虹膜褐色；嘴近黑色；脚黑色。

【生活习性】主要栖息于低山丘陵和平原地区的灌丛、农田及草地。性活泼，常呈小群活动，善鸣叫。杂食性，既食昆虫等动物性食物，也食果实、种子等植物性食物。

民权黄河故道湿地观测及分析

民权黄河故道湿地有分布，常见种，为留鸟。

白头鹎（冬羽型）（摄影 李长看）

白头鹎（摄影 李振中）

（三十九）柳莺科 Phylloscopidae

132. 黄腰柳莺 *Phylloscopus proregulus*

【保护级别】三有鸟类。

【形态特征】体型较小的柳莺，体长 9~11 cm。上体橄榄绿色，下体灰白色；嘴细小，具黄色的顶冠纹和粗眉纹；腰柠檬黄色，具两道浅色翼斑；臀及尾下覆羽浅黄色，新换的体羽眼先为橘黄色。虹膜暗褐色；嘴黑褐色；脚淡褐色。

【生活习性】主要栖息于海拔 2 000 m 以下的阔叶林、次生林、果园等生境。单独或成对活动在高大的树冠层中。性活泼，常在树顶枝叶间跳来跳去寻觅食物。主要以昆虫为食。

民权黄河故道湿地观测及分析

民权黄河故道湿地有分布，为旅鸟。

黄腰柳莺（摄影　杨旭东）

133. 黄眉柳莺 *Phylloscopus inornatus*

【保护级别】三有鸟类。

【形态特征】中等体型的柳莺，体长 9~11 cm。嘴细尖，上体橄榄绿色，具两道明显的近白色翼斑。眉纹纯白色或乳白色，顶纹几乎不可辨；下体淡白色。虹膜褐色；嘴近黑色；脚淡棕褐色。

【生活习性】主要栖息于山地和平原地带的森林中。性活泼，常单独或三五成群活动。停栖于森林的中上层，很少落地，动作轻巧灵活，敏捷地在树上觅食。主要以昆虫为食。

民权黄河故道湿地观测及分析

民权黄河故道湿地有分布，为旅鸟。

黄眉柳莺（摄影　李长看）

（四十）树莺科 Cettiidae

134. 强脚树莺 *Horornis fortipes*

【保护级别】三有鸟类，列入 2012 年《世界自然保护联盟（IUCN）濒危物种红色名录》ver 3.1，低危（LC）。

【形态特征】体型略小的树莺，体长 11~13 cm。上体橄榄褐色，两侧淡棕色，眉纹皮黄色；下体偏白色而染褐黄色，尤其是胸侧、两胁及尾下覆羽。虹膜褐色；上嘴深褐色，下嘴基色浅；脚肉棕色。

【生活习性】主要栖息于 2 000 m 以下的常绿阔叶林和次生林中。常单独或成对活动，不善飞翔，常敏捷地在灌丛枝叶间不停地跳跃穿梭。善藏匿，易闻其声不见其形。主要以昆虫为食，兼食少量植物果实、种子和草籽。

民权黄河故道湿地观测及分析

民权黄河故道湿地有分布，为留鸟。

强脚树莺（摄影　赵宗英）

（四十一）长尾山雀科 Aegithalidae

135. 银喉长尾山雀 *Aegithalos glaucogularis*

【保护级别】三有鸟类。

【形态特征】小型山雀，体长 11~14 cm。上体灰色，嘴粗短而厚，头具黑色或褐色纵纹，翅短圆，尾细长呈凸状，黑色而带白边；下体多白色，有时带灰色。虹膜深褐色；嘴黑色；脚深褐色。

【生活习性】主要栖息于山地针阔叶混交林和针叶林。性活泼，结小群在树冠层及低矮树丛中活动。行动敏捷，常在树冠间或灌丛顶部跳跃。主要以昆虫为食。

民权黄河故道湿地观测及分析

民权黄河故道湿地有分布，为留鸟。

银喉长尾山雀（摄影　李振中）

136. 红头长尾山雀 *Aegithalos concinnus*

【**保护级别**】三有鸟类。

【**形态特征**】小型的山雀，体长 9~11 cm。红头红胸，黑脸黑背；头顶、颈背栗红色，过眼纹宽黑色。颏、喉白色，喉中部有黑色斑块。胸腹白色或淡棕黄色，背蓝灰色，两胁栗色。虹膜黄色；嘴黑色；脚橘黄色。

【**生活习性**】主要栖息于山地森林和灌木林。常数十只结群活动。性活泼，常不停地在枝叶间跳跃或来回飞翔觅食，或突然从一棵树飞至另一棵树，且不停鸣叫。主要以昆虫为食。

长尾山雀科

Aegithalidae

民权黄河故道湿地观测及分析

民权黄河故道湿地有分布，为留鸟。

红头长尾山雀（摄影　蔺艳芳）

（四十二）莺鹛科 Sylviidae

137. 棕头鸦雀 *Sinosuthora webbiana*

【保护级别】三有鸟类。

【形态特征】体型纤小，体长约 12 cm。嘴短小，上体褐色，头顶及两翼红棕色，飞羽外缘红棕色；下体黄褐色，颏、喉、胸葡萄粉红色。虹膜褐色；嘴暗褐色，嘴端色较浅；脚粉灰色。

【生活习性】主要栖息于低山阔叶林和林缘灌丛、竹丛、草丛。活泼，好结群，常在灌木或小树枝叶间跳跃，一般做短距离低空飞行。主要以昆虫为食。

民权黄河故道湿地观测及分析

　　民权黄河故道湿地有分布，甚常见，为留鸟。

棕头鸦雀（摄影　李长看）

棕头鸦雀（摄影 王争亚）

棕头鸦雀（摄影 李长看）

莺鹛科

Sylviidae

138. 震旦鸦雀 *Paradoxornis heudei*

【保护级别】中国特有物种，国家二级保护鸟类，被列入《世界自然保护联盟（IUCN）濒危物种红色名录》ver 3.1，濒危（EN）。

【形态特征】中等体型的鸦雀，体长约18 cm。嘴黄色，具很大的嘴钩；眉纹黑色，长而宽阔，自眼上方一直延伸至后颈头顶至枕；额、头顶及颈背灰色；背黄褐色，通常具黑色纵纹；中央尾羽沙褐色，其余黑色而羽端白色。额、喉及腹中心近白色，两胁黄褐色。翼上肩部浓黄褐色，飞羽较淡，三级飞羽近黑色。虹膜红褐色；脚粉黄色。

【生活习性】主要栖息于河流、沼泽、湖泊、河口沙洲、沿海滩涂等湿地芦苇丛。性活泼，繁殖季节单独或结小群活动，非繁殖季节结大群活动。嘴里不断发出短促的"唧唧"声，极少下到地面活动。主要以芦苇茎秆上的昆虫为食，冬季也吃浆果。为中国特有的珍稀鸟种，被誉为"鸟中熊猫"。

震旦鸦雀（摄影　李长看）

民权黄河故道湿地观测及分析

民权黄河故道湿地有分布，罕见，为留鸟。

震旦鸦雀（摄影　李长看）

震旦鸦雀（摄影　李长看）

（四十三）噪鹛科 Leiothrichidae

139. 画眉 *Garrulax canorus*

【**保护级别**】国家二级重点保护鸟类。

【**形态特征**】体型略小的鹛，体长 21~24 cm。体羽大体呈棕褐色；眼圈白色，在眼后延伸成狭窄的眉纹，酷似眉毛，故得名"画眉"；顶冠及颈背有偏黑色纵纹；下体棕黄色，腹部中央灰色，颏、喉及上胸杂以暗褐色轴纹；飞羽棕色，尾羽深褐色，具黑褐色横斑。虹膜黄色；嘴黄色；脚黄褐色。

【**生活习性**】栖息于灌丛、树林以及城市竹林、庭院中；成对或结小群活动；性机敏而胆怯，常在林下的草丛中觅食，不善做远距离飞翔。杂食性，主要以昆虫为食，兼食野果、草籽等。极善鸣啭，鸣声悠扬婉转，是出名的笼养鸟类。宋代欧阳修《画眉鸟》中有："百啭千声随意移，山花红紫树高低。始知锁向金笼听，不及林间自在啼。"

民权黄河故道湿地观测及分析

　　民权黄河故道湿地有分布，罕见，为留鸟。

画眉（摄影　李艳霞）

画眉（摄影　王争亚）

画眉（摄影　李长看）

（四十四）椋鸟科 Sturnidae

140. 八哥 *Acridotheres cristatellus*

【保护级别】三有鸟类。

【形态特征】体型较大的黑色八哥，体长 24~28 cm。通体羽毛黑色，有金属光泽；额羽耸立如冠状；翅具白色翅斑，飞翔时尤为明显，形似"八"字形而得名"八哥"。冠羽较长，尾端有狭窄的白色，尾下覆羽具黑色及白色横纹。虹膜橘黄色；嘴乳黄色，嘴基红色；脚暗黄色。

八哥（摄影 李艳霞）

【生活习性】主要栖息于低山丘陵和山脚平原地带的次生阔叶林、农田、牧场和村庄等。杂食性，以昆虫等动物性食物为食，也食植物性食物。性活泼，结小群生活。鸣声嘹亮，善于模仿，历代多有吟颂。如"依依永恒深情，舞姿翩翩弄影。歌音清脆似金钟，室内又多一景。""类同乾鹊将母小，族比慈乌未是多。借问人间何手足，相逢此鸟便称哥。"

民权黄河故道湿地观测及分析

民权黄河故道湿地有分布，罕见，为留鸟。

141. 灰椋鸟 *Spodiopsar cineraceus*

【保护级别】三有鸟类。

【形态特征】中等体型的椋鸟，体长 22~24 cm。上体灰褐色，头顶至后颈黑色，额和头侧具白色纵纹，颊和耳覆羽白色，具黑色纵纹，尾部覆羽白色；下体、颏白色，喉、胸、上腹暗灰褐色。虹膜偏红色；嘴橙红色，尖端黑色；脚橙黄色。

【生活习性】主要栖息于阔叶林、疏林、农田、公园和草地；性喜结群，飞行迅速；多栖息于输电线、塔和树木枯枝上。主要以昆虫为食，是著名益鸟，一天可捕食蝗虫 100 多只，是蝗虫的克星。

椋鸟科

Sturnidae

民权黄河故道湿地观测及分析

民权黄河故道湿地有分布，为留鸟。

灰椋鸟（冬羽型）（摄影　李长看）

（四十五）鸫科 Turdidae

142. 乌鸫 *Turdus mandarinus*

【**保护级别**】三有鸟类。

【**形态特征**】体型略大的鸫，体长 29 cm。雄鸟全身黑色，嘴橘黄色，眼圈略浅，下体色稍淡，呈黑褐色。雌鸟较雄鸟色淡，上体黑褐色，下体深褐色，没有黄色眼圈，喉、胸有暗色纵纹。虹膜褐色；嘴：雄鸟黄色，雌鸟黑色；脚黑色。

【**生活习性**】主要栖息于林缘、农田、村镇和城市园林。常结小群，是高度适应城市生活的鸟类。常在地面上奔跑，善鸣叫，可以模仿其他鸟鸣。夏季主要以昆虫为食，冬季主要以植物性食物为食。

民权黄河故道湿地观测及分析

民权黄河故道湿地有分布，为留鸟。

乌鸫（雄性）（摄影 李长看）

乌鸫（雌性）（摄影 李长看）

（四十六）鹟科 Muscicapidae

143. 红胁蓝尾鸲 *Tarsiger cyanurus*

【保护级别】三有鸟类。

【形态特征】体型略小的鸲，体长约 14 cm，雌雄异色。头顶两侧、翅上小覆羽和尾上覆羽为鲜亮辉蓝色，橘黄色两胁与白色腹部及臀成对比。雄鸟上体钴蓝色，眉纹白色；雌鸟褐色，尾蓝色。虹膜褐色；嘴黑色；脚灰色。

【生活习性】主要栖息于林下；常单独或成对活动，在树杈和地面跳跃觅食。主要以昆虫为食，偶食植物种子和果实。

红胁蓝尾鸲（雄性）（摄影　蔺艳芳）

民权黄河故道湿地观测及分析

民权黄河故道湿地有分布，为留鸟。

红胁蓝尾鸲（雌性）（摄影　王争亚）

144. 北红尾鸲 *Phoenicurus auroreus*

【保护级别】三有鸟类。

【形态特征】中等体型的鸲，体长 13~15 cm。雌雄异色。具明显而宽大的倒三角形白色翼斑，尾黑色，外侧尾羽橙红色。雄鸟眼先、头侧、喉、上背及两翼黑色，头顶及颈背灰色而具银色边缘，体羽余部橙红色，中央尾羽深黑褐色；雌鸟体羽褐色，下体略浅。虹膜褐色；嘴黑色；脚黑色。

【生活习性】主要栖息于山地、森林、林缘、河谷及村镇。常单独或成对活动。行动敏捷，频繁地在地上和灌丛间跳跃寻觅食物，不喜高空飞翔。休息时立于凸处，尾颤动不停。主要以昆虫为食。

民权黄河故道湿地观测及分析

民权黄河故道湿地有分布，为留鸟。

北红尾鸲（雌性）（摄影　邓明选）

北红尾鸲（雄性）（摄影　王争亚）

145. 红尾水鸲 *Rhyacornis fuliginosa*

【保护级别】三有鸟类。

【形态特征】中等体型水鸲，体长约 14 cm。雌雄异色。雄鸟通体暗灰蓝色，翅黑褐色，腰、臀及尾栗红色；雌鸟上体灰褐色，翅褐色，具两道白色点状斑，臀、腰及外侧尾羽基部白色，尾余部黑色，端部及羽缘褐色。虹膜深褐色；嘴黑色；脚褐色。

【生活习性】主要栖息于山地溪流与河谷。单独或成对活动，栖息于多砾石的溪流及河流两旁，或停栖于水中砾石。尾常摆动，在岩石间快速移动。领域性强，主要以昆虫为食，也食少量植物果实和种子。

民权黄河故道湿地观测及分析

民权黄河故道湿地有分布，为留鸟。

红尾水鸲（雄性）（摄影　李长看）

红尾水鸲（雌性）（摄影　李长看）

146. 白眉姬鹟 *Ficedula zanthopygia*

【保护级别】三有鸟类。

【形态特征】体型较小，体长约 13 cm，黄、白及黑色的鹟。雌雄异部暗黄；雄鸟上体黑色，白色眉纹醒目；下体黄色。雌鸟上体暗褐色，腰部暗黄；下体色较淡。虹膜褐色；嘴黑色；脚黑色。

【生活习性】主要栖息于低山和山脚地带的阔叶林和针阔叶混交林中。主要以昆虫为食。

民权黄河故道湿地观测及分析

民权黄河故道湿地有分布，为夏候鸟。

白眉姬鹟（雄性）（摄影　马继山）

鹟科

Muscicapidae

白眉姬鹟（雄性）（摄影　马继山）

（四十七）雀科 Passeridae

147. 麻雀 *Passer montanus*

【保护级别】三有鸟类。

【形态特征】体型略小的雀，体长 13~15 cm。上体近褐色，额、头顶至颈背栗褐色，颈背具灰白色领环，脸颊白色，颏、喉黑色；下体皮黄灰色，背沙褐色，具黑色纵纹。虹膜深褐色；嘴黑色；脚粉褐色。

【生活习性】分布广，常栖息于屋舍、瓦檐或树洞中；性极活泼，喜结小群活动，在地面活动时双脚跳跃前进。杂食性，主要以植物种子为食，也以昆虫为食。"车水马龙人声喧，群雀枝头绰绰影。高楼大厦有缝处，安家落户无声音"是对闹市中的雀类的生动记述。

麻雀（摄影　李长看）

民权黄河故道湿地观测及分析

民权黄河故道湿地有分布，极常见，为留鸟。

麻雀（摄影　李长看）

麻雀（摄影　马继山）

148. 山麻雀 *Passer cinnamomeus*

【保护级别】三有鸟类。

【形态特征】体长 13~15 cm，小型艳丽麻雀，雄雌异色。雄鸟上体栗红色，背中央具黑色纵纹，头棕色或淡灰白色，颏、喉黑色，其余下体灰白色或灰白色沾黄。雌鸟上体褐色具宽阔的皮黄白色眉纹，颏、喉无黑色。虹膜褐色；嘴灰色；脚粉褐色。

【生活习性】栖息于低山丘陵和山脚平原地带的各类森林和灌丛中。性喜结群，除繁殖期间单独或成对活动外，其他季节多呈小群。杂食性鸟类，主食植物性食物，亦食昆虫等动物性食物。

民权黄河故道湿地观测及分析

民权黄河故道湿地有分布，为留鸟。

山麻雀（雌性）（摄影 乔春平）

山麻雀（雄性）（摄影 李艳霞）

鹡鸰科

Motacillidae

（四十八）鹡鸰科 Motacillidae

149. 黄鹡鸰 *Motacilla tschutschensis*

【保护级别】三有鸟类。

【形态特征】中等体型的鹡鸰，体长 17~20 cm。眉纹黄白色，上体橄榄绿色或橄榄褐色；飞羽黑褐色，具两道白色或黄白色横斑；下体黄色，尾较短，黑褐色。虹膜褐色；嘴褐色；脚近黑色。

【生活习性】主要栖息于低山丘陵、平原。尤喜稻田、沼泽边缘及草地。多成对或结小群活动，飞行时两翅一收一伸，呈波浪式前进。主要以昆虫为食。

民权黄河故道湿地观测及分析

民权黄河故道湿地有分布，为旅鸟。

黄鹡鸰（摄影　郭文）

150. 黄头鹡鸰 *Motacilla citreola*

【保护级别】三有鸟类。

【形态特征】体型略小的鹡鸰，体长 16~20 cm。雌雄异色。雄鸟头部、下体艳黄色，背黑色或灰色，翅暗褐色，具两道白色翼斑；雌鸟头顶及脸颊灰色，额和头侧辉黄色，眉纹黄色。虹膜深褐色；嘴黑色；脚近黑色。

【生活习性】主要栖息于水域岸边，尤喜沼泽草甸、苔原带；常成对或成小群活动，栖息时尾常上下摆动。主要以昆虫为食，偶食植物性食物。

黄头鹡鸰（摄影 蔺艳芳）

民权黄河故道湿地观测及分析

民权黄河故道湿地有分布，为留鸟。

黄头鹡鸰（摄影 李长看）

151. 灰鹡鸰 *Motacilla cinerea*

【保护级别】三有鸟类。

【形态特征】中等体型的鹡鸰，体长 17~19cm。上体暗灰色，腰黄绿色，下体黄色；飞羽黑褐色，具白色翼斑；尾较长，中央尾羽黑褐色，外侧一对尾羽白色；雄鸟颏、喉部夏季黑色，冬季白色；雌鸟颏、喉部均为白色。虹膜褐色；嘴黑褐色；脚粉灰色。

【生活习性】主要栖息于水域岸边，常单独或成对活动，有时也集小群；常停栖于露出水面的石头上，尾不断上下摆动，飞行呈波浪式。主要以昆虫为食。

灰鹡鸰（摄影　李长看）

民权黄河故道湿地观测及分析

民权黄河故道湿地有分布，为旅鸟。

灰鹡鸰（摄影　李长看）

鹡鸰科

Motacillidae

152. 白鹡鸰 *Motacilla alba*

【保护级别】三有鸟类。

【形态特征】中等体型的鹡鸰，体长 18~20 cm。上体灰色，下体白色，两翼及尾黑白相间，具白色翼斑；前额、颊白色；头顶和后颈黑色；胸黑色，背、肩黑色或灰色；颏、喉白色或黑色。雌鸟似雄鸟但色较暗。虹膜褐色；嘴及脚黑色。

【生活习性】主要栖息于近水的开阔地带、稻田、溪流边及道路上。在地上走走停停，飞行时呈波浪式前进，停栖时尾部不停上下摆动。常单独成对或成小群活动。主要以昆虫为食。

白鹡鸰（摄影　李长看）

民权黄河故道湿地观测及分析

　　民权黄河故道湿地有分布，为夏候鸟，部分为留鸟。

白鹡鸰（摄影　蔺艳芳）

（四十九）燕雀科 Fringillidae

153. 燕雀 *Fringilla montifringilla*

【**保护级别**】三有鸟类。

【**形态特征**】中等体型的雀，体长 14~17 cm。雌雄异色。雄鸟头至颈背黑色，背近黑色，具棕黄色羽缘，胸、肩棕色，腰、腹部白色，两翼及尾黑色，具棕色的翼斑；非繁殖期雄鸟体色较淡，与繁殖期雌鸟相似，头部为褐色，头顶和枕具黑色羽缘，颈侧灰色。虹膜褐色；嘴黄色，端黑色；脚粉褐色。

【**生活习性**】主要栖息于各类森林。喜跳跃和波浪状飞行。常成对或成小群活动。于地面或树上取食，主要以果实、种子等植物性食物为食。"燕雀安知鸿鹄之志哉"即谓此鸟。

民权黄河故道湿地观测及分析

民权黄河故道湿地有分布，为冬候鸟。

燕雀（左雌、右雄）（摄影　马继山）

154. 黑尾蜡嘴雀 *Eophona migratoria*

【保护级别】三有鸟类。

【形态特征】体型略大的雀鸟，体长 17~21 cm。雄雌异色。嘴黄色较粗大，端部黑色；雄鸟头黑色，肩、背灰褐色，两翼近黑色。腰和尾上覆羽浅灰色，臀黄褐色；雌鸟头部黑色少，飞羽端部黑色。虹膜褐色；嘴黄色，端部黑色；脚粉褐色。

【生活习性】主要栖息于低山和山脚平原地带的阔叶林、针阔叶混交林、次生林和人工林，也出现于河谷、农田和城市公园中。单独或成对活动，非繁殖期常集群。树栖性，频繁在树冠层枝叶间跳跃或来回飞翔。主要以种子、果实、草籽等植物性食物为食，也食昆虫等动物性食物。

民权黄河故道湿地观测及分析

民权黄河故道湿地有分布，为冬候鸟，部分为留鸟。

黑尾蜡嘴雀（左雄、右雌）（摄影　王争亚）

155. 黑头蜡嘴雀 *Eophona personata*

【保护级别】三有鸟类。

【形态特征】体型较大的雀鸟,体长 17~20 cm。黄色的嘴硕大,体羽灰褐色,头部、尾部、翼尖黑色。与黑尾蜡嘴雀相似,但头部黑色范围小,飞羽中间有白斑,末端无白斑,嘴端无黑色。虹膜深褐色;嘴黄色;脚粉褐色。

【生活习性】主要栖息于丘陵和平原的溪边次生林、灌丛和草丛,较其他蜡嘴雀更喜低地。通常结小群活动,不断地从一枝跳到另一枝,从一棵树飞到另一棵树。夏季以叶芽、嫩叶等植物性食物为食,冬季以昆虫等动物性食物为食。

燕雀科

Fringillidae

黑头蜡嘴雀(雄性)(摄影　钟福生)

民权黄河故道湿地观测及分析

民权黄河故道湿地有分布,为旅鸟。

黑头蜡嘴雀(摄影　马继山)

156. 金翅雀 *Chloris sinica*

【保护级别】三有鸟类。

【形态特征】体型较小的雀鸟，体长 12~14 cm。顶冠及颈背灰色，眼周黑褐色，胸腹红褐色，背深褐色，具宽阔的黄色翼斑，外侧尾羽基部和臀黄色，尾呈叉形；雌鸟色暗，体羽褐色。虹膜栗褐色；嘴偏粉色；脚粉褐色。

【生活习性】主要栖息于海拔 1 500m 以下的低山、丘陵、灌丛、人工林、林园及林缘地带；常单独或成对活动，非繁殖季集群活动；多在树冠层枝叶间跳跃或飞来飞去，也在低矮的灌丛和地面活动、觅食。主要以植物果实、种子、草籽和谷粒等植物性食物为食。

民权黄河故道湿地观测及分析

民权黄河故道湿地有分布，为留鸟。

金翅雀（雄性）（摄影　王争亚）

金翅雀（雌性）（摄影　马继山）

（五十）鹀科 Emberizidae

鹀科

Emberizidae

157. 三道眉草鹀 *Emberiza cioides*

【保护级别】三有鸟类。

【形态特征】体型略大的鹀，体长 15~18 cm。具醒目的黑白色头部图纹，眉纹白色，眼先黑色；头顶、后颈和耳羽栗色；背、肩栗红色，具黑色纵纹；颏、喉白色；胸棕色，两胁棕红色；下体皮黄白色。雌鸟色较淡，眉线及下颊纹皮黄色，胸皮黄色。虹膜栗褐色；嘴灰黑色；脚粉褐色。

【生活习性】主要栖居于低山丘陵和平原地带的次生阔叶林、开阔灌丛及林缘地带，冬季至较低的平原地区。繁殖期成对活动，冬季常集成小群，很少单独活动。冬季以各种野生草籽等植物性食物为主，夏季以昆虫等动物性食物为主。

民权黄河故道湿地观测及分析

民权黄河故道湿地有分布，为留鸟。

三道眉草鹀（摄影　李长看）

158. 白眉鹀 *Emberiza tristrami*

【**保护级别**】三有鸟类。

【**形态特征**】中等体型的鹀，体长 13~15 cm。雄鸟头部黑色，具白色的眉纹、中央冠纹和颚纹；喉黑色，腰棕色，无纵纹；背、肩褐色，具黑色纵纹；胸栗色，下体白色；腰和尾上覆羽栗红色，无纹。雌鸟色暗，头为褐色，颚纹黑色。虹膜深栗褐色；上嘴蓝灰色，下嘴偏粉色；脚浅褐色。

【**生活习性**】主要栖息于低山阔叶林、针阔叶混交林和针叶林，多隐藏于山坡林下的浓密棘丛，不喜无林的开阔地带。单个或成对活动，迁徙时常结成小群。主要以植物种子为食。

民权黄河故道湿地观测及分析

民权黄河故道湿地有分布，为旅鸟或冬候鸟。

白眉鹀（摄影 郭文）

159. 黄喉鹀 *Emberiza elegans*

【保护级别】三有鸟类。

【形态特征】中等体型的鹀，体长 14~15 cm。头顶一束羽毛高高翘起形成凤头是本种识别特征。雄鸟具短而竖直的黑色羽冠；眉纹长而宽阔，前端黄白色，后端鲜黄色；喉黄色，胸具半月形黑斑，两胁具栗色纵纹。背锈红色，具黑色羽干纹；下体白色，两翅和尾黑褐色，具两道白色翅斑。雌鸟羽色较暗。虹膜深栗褐色；嘴近黑色；脚浅灰褐色。

【生活习性】主要栖息于丘陵及山脊的干燥落叶林及混交林，尤喜河谷与溪流沿岸疏林灌丛。繁殖期单独或成对活动，非繁殖期集小群活动。性活泼而胆小，频繁在灌丛与草丛中跳来跳去或飞上飞下。主食植物种子，繁殖期以昆虫为主食。

民权黄河故道湿地观测及分析

民权黄河故道湿地有分布，为旅鸟。

黄喉鹀（摄影 王争亚）

黄喉鹀（摄影 杨旭东）

鹀科

Emberizidae

160. 灰头鹀 *Emberiza spodocephala*

【保护级别】三有鸟类。

【形态特征】体长 14~15 cm，黑色及黄色鹀。雄鸟头、颈背、喉和上胸灰色，眼先、颏黑色；上体余部浓栗色具明显的黑色纵纹；下体浅黄色或近白色，肩部具一枚白斑；尾色深而带白色边缘。雌鸟头橄榄色，过眼纹及耳覆羽下的月牙形斑纹黄色。虹膜深栗褐色；上嘴近黑色并具浅色边缘，下嘴偏粉色，嘴端深色；脚粉褐色。

【生活习性】主要栖息于林缘落叶林、灌丛和草坡，越冬于芦苇地、灌丛及林缘。繁殖期成对活动，非繁殖期常集群活动。杂食性，以草籽、植物果实和谷物为食，也以昆虫为食。

灰头鹀（摄影　张岩）

民权黄河故道湿地观测及分析

民权黄河故道湿地有分布，为夏候鸟。

灰头鹀（摄影　郭文）

161. 苇鹀 *Emberiza pallasi*

【**保护级别**】三有鸟类。

【**形态特征**】体型较小的鹀，体长 13~14 cm。雄鸟头、喉和上胸中央黑色，具白色颈环，上体具灰色及黑色的横斑。下体乳白色。雌鸟为浅沙皮黄色，且头顶、上背、胸及两胁具深色纵纹。虹膜深栗色；嘴灰黑色；脚粉褐色。

【**生活习性**】春季主要栖息于平原沼泽地和沿溪的芦苇丛中，秋冬栖息于低山、丘陵区和平原地带的灌丛、草地、芦苇沼泽和农田地区。繁殖期成对或单独活动，非繁殖期集小群活动。性活泼，常在草丛或灌丛中反复起落飞翔。主要以种子、嫩芽等植物性食物为食。

民权黄河故道湿地观测及分析

民权黄河故道湿地有分布，为冬候鸟或旅鸟。

苇鹀（雄性）（摄影　李长看）

苇鹀（雌性）（摄影　李长看）

鹀科

Emberizidae

162. 小鹀 *Emberiza pusilla*

【保护级别】三有鸟类。

【形态特征】体型小的鹀，体长约 13 cm。体羽似麻雀，外侧尾羽有较多的白色。雄鸟夏羽头部赤栗色；头侧线和耳羽后缘黑色，上体余部沙褐色，背部具暗褐色纵纹；下体偏白色，胸及两胁具黑色纵纹。雌鸟及雄鸟冬羽羽色较淡，无黑色头侧线。

【生活习性】主要栖息于低山丘陵和平原地区的林地、灌丛。除繁殖期成对活动外，多集群活动。主要以苇实、草籽等为食，也食各种昆虫等动物性食物。

小鹀（摄影　杨旭东）

民权黄河故道湿地观测及分析

　　民权黄河故道湿地有分布，为冬候鸟或旅鸟。

小鹀（摄影　杨旭东）

附 录

附表 I 民权黄河故道国家湿地公园鸟类区系组成

Table I The birds fauna composition of MinQuan ancient Yellow River national wetland park

种类	保护 级别	数量 等级	居留 类型	区系 从属	栖息环境
一、鸡形目 **Galliformes**					
（一）雉科 Phasianidae					
1. 鹌鹑 *Coturnix japonica*		++	R	Pa	田、滩
2. 环颈雉 *Phasianus colchicus*	▲	++	R	Pa	田、滩
二、雁形目 **Anseriformes**					
（二）鸭科 Anatidae					
3. 鸿雁 *Anser cygnoid*	II·V	+	W	E	湿、滩、田
4. 豆雁 *Anser fabalis*		+++	W	E	湿、滩、田
5. 灰雁 *Anser anser*	▲	++	W	E	湿、滩、田
6. 小白额雁 *Anser erythropus*	II·V	+	W	E	湿、滩、田
7. 小天鹅 *Cygnus columbianus*	II	+	P	E	湿、滩、田
8. 大天鹅 *Cygnus cygnus*	II	+	P	Pa	湿、滩、田
9. 翘鼻麻鸭 *Tadorna tadorna*		+	P	E	湿、滩、田
10. 赤麻鸭 *Tadorna ferruginea*		++	W	E	湿、滩、田
11. 鸳鸯 *Aix galericulata*	II·NT	+	W	E	湿、滩、田
12. 棉凫 *Nettapus coromandelianus*	II				
13. 罗纹鸭 *Mareca falcata*		+	W	E	湿、滩、田
14. 绿头鸭 *Anas platyrhynchos*		++	W	E	湿、滩、田
15. 斑嘴鸭 *Anas zonorhyncha*		++	W/R	E	湿、滩、田
16. 针尾鸭 *Anas acuta*		+	W	E	湿、滩、田
17. 绿翅鸭 *Anas crecca*		+	W	E	湿、滩、田
18. 琵嘴鸭 *Spatula clypeata*		+	W	E	湿、滩、田
19. 白眉鸭 *Spatula querquedula*		+	W	E	湿、滩、田
20. 花脸鸭 *Sibirionetta formosa*	II·V	+	W	E	湿、滩、田
21. 红头潜鸭 *Aythya ferina*		+	P	E	湿、滩、田
22. 青头潜鸭 *Aythya baeri*	I·C	+	R/W	E	湿、滩
23. 白眼潜鸭 *Aythya nyroca*	V	+	R/W	E	湿、滩
24. 斑背潜鸭 *Aythya marila*		+	P	E	湿、滩、田
25. 鹊鸭 *Bucephala clangula*		++	W	E	湿、滩、田

种类	保护级别	数量等级	居留类型	区系从属	栖息环境
26. 斑头秋沙鸭 *Mergellus albellus*	II	+	W	E	湿、滩、田
27. 普通秋沙鸭 *Mergus merganser*		++	W	E	湿、滩
28. 中华秋沙鸭 *Mergus squamatus*	I·E		P		湿、滩
三、䴙䴘目 Podicipediformes					
(三) 䴙䴘科 Podicipedidae					
29. 小䴙䴘 *Tachybaptus ruficollis*		++	R	E	湿
30. 凤头䴙䴘 *Podiceps cristatus*	▲	++	R/W	Pa	湿
四、鸽形目 Columbiformes					
(四) 鸠鸽科 Columbidae					
31. 山斑鸠 *Streptopelia orientalis*		++	R	E	林、滩、田
32. 珠颈斑鸠 *Streptopelia chinensis*		++	R	E	林、滩、田
33. 火斑鸠 *Streptopelia tranquebarica*		+	S	E	林、滩、田
五. 鹃形目 Cuculiformes					
(五) 杜鹃科 Cuculidae					
34. 小鸦鹃 *Centropus bengalensis*	II	+	S	E	林、田
35. 噪鹃 *Eudynamys scolopaceus*					
36. 四声杜鹃 *Cuculus micropterus*		+	S	E	林、田
37. 大杜鹃 *Cuculus canorus*		+	S	E	林、田
六. 鹤形目 Gruiformes					
(六) 秧鸡科 Rallidae					
38. 普通秧鸡 *Rallus indicus*		+	W	Pa	湿、滩、田
39. 白胸苦恶鸟 *Amaurornis phoenicurus*		++	S	O	湿、滩、田
40. 黑水鸡 *Gallinula chloropus*		++	R/S	E	湿、滩
41. 骨顶鸡 *Fulica atra*		++	W	E	湿、滩
(七) 鹤科 Gruidae					
42. 白枕鹤 *Grus vipio*	I·V·1	+	P	E	湿、滩、田
43. 灰鹤 *Grus grus*	II	+	P	E	湿、滩、田
七、鸻形目 Charadriiformes					
(八) 反嘴鹬科 Recurvirostridae					
44. 黑翅长脚鹬 *Himantopus himantopus*		+	S	E	湿、滩
45. 反嘴鹬 *Recurvirostra avosetta*		+	P	E	湿、滩
(九) 鸻科 Charadriidae					
46. 凤头麦鸡 *Vanellus vanellus*	NT	+	P	Pa	湿、滩、田
47. 灰头麦鸡 *Vanellus cinereus*		+	S	O	湿、滩、田
48. 金 (斑) 鸻 *Pluvialis fulva*		+	S	E	湿、滩、田
49. 金眶鸻 *Charadrius dubius*		+	S	E	湿、滩、田

种类	保护级别	数量等级	居留类型	区系从属	栖息环境
50. 环颈鸻 *Charadrius alexandrinus*		+	S	E	湿、滩、田
51. 铁嘴沙鸻 *Charadrius leschenaultii*	▲	+	P	E	湿、滩、田
52. 东方鸻 *Charadrius veredus*		+	P	E	湿、滩、田
53. 长嘴剑鸻 *Charadrius placidus*		+	P	E	湿、滩、田
（十）彩鹬科 Rostratulidae					
54. 彩鹬 *Rostratula benghalensis*		+	S	E	湿、滩
（十一）水雉科 Jacanidae					
55. 水雉 *Hydrophasianus chirurgus*	II	+	S	E	湿、滩
（十二）鹬科 Scolopacidae					
56. 扇尾沙锥 *Gallinago gallinago*		+	W	E	湿、滩
57. 黑尾塍鹬 *Limosa limosa*		+	P	E	湿、滩
58. 白腰杓鹬 *Numenius arquata*	II	+	P	E	湿、滩
59. 大杓鹬 *Numenius madagascariensis*	II·NT	+	P	E	湿、滩
60. 鹤鹬 *Tringa erythropus*		+	P	E	湿、滩
61. 红脚鹬 *Tringa totanus*	▲	+	P	E	湿、滩
62. 青脚鹬 *Tringa nebularia*		+	P	Pa	湿、滩
63. 白腰草鹬 *Tringa ochropus*		+	W	Pa	湿、滩
64. 林鹬 *Tringa glareola*		+	P	E	湿、滩
65. 矶鹬 *Actitis hypoleucos*		+	R	Pa	湿、滩
66. 黑腹滨鹬 *Calidris alpina*		+	W	E	湿、滩
（十三）燕鸻科 Glareolidae					
67. 普通燕鸻 *Glareola maldivarum*		+	S	E	湿、滩
（十四）鸥科 Laridae					
68. 红嘴鸥 *Chroicocephalus ridibundus*		+	W	E	湿、滩
69. 西伯利亚银鸥 *Larus smithsonianus*		+	W	Pa	湿、滩
70. 白额燕鸥 *Sternula albifrons*		+	S	E	湿、滩
71. 普通燕鸥 *Sterna hirundo*		++	S	E	湿、滩
八、鹳形目 Ciconiiformes					
（十五）鹳科 Ciconiidae					
72. 黑鹳 *Ciconia nigra*	I·2	+	P	E	湿、林
73. 东方白鹳 *Ciconia boyciana*	I·E·1	+	P/W	E	湿、林
九、鲣鸟目 Suliformes					
（十六）鸬鹚科 Phalacrocoracidae					
74. 普通鸬鹚 *Phalacrocorax carbo*	▲	++	W	E	林、湿
十、鹈形目 Pelecaniformes					
（十七）鹮科 Threskiornithidae					

种类	保护级别	数量等级	居留类型	区系从属	栖息环境
75. 白琵鹭 *Platalea leucorodia*	II·2	+	W	Pa	湿、滩
（十八）鹭科 Ardeidae					
76. 大麻鳽 *Botaurus stellaris*		+	W	E	湿、林
77. 黄斑苇鳽 *Ixobrychus sinensis*		+	S	E	湿、林
78. 夜鹭 *Nycticorax nycticorax*		++	S /R	E	湿、滩、林、田
79. 池鹭 *Ardeola bacchus*		++	S	E	湿、滩、林、田
80. 牛背鹭 *Bubulcus ibis*		++	S	O	湿、滩、林
81. 苍鹭 *Ardea cinerea*	▲	++	R	E	林、湿、滩
82. 草鹭 *Ardea purpurea*	▲	+	S	E	湿、滩
83. 大白鹭 *Ardea alba*	▲	+	R	E	湿、滩、林、田
84. 中白鹭 *Ardea intermedia*		+	S	O	湿、滩、林、田
85. 白鹭 *Egretta garzetta*		++	S /R	O	湿、滩、林、田
（十九）鹈鹕科 Pelecanidae					
86. 卷羽鹈鹕 *Pelecanus crispus*	I·V	+	P	E	湿
十一、鹰形目 Accipitriformes					
（二十）鹗科 Pandionidae					
87. 鹗 *Pandion haliaetus*	II	+	P	Pa	湿、滩、林
（二十一）鹰科 Accipitridae					
88. 黑翅鸢 *Elanus caeruleus*	II	+	R	E	湿、滩、林
89. 黑鸢 *Milvus migrans*	II	+	W	E	湿、滩、林
90. 白腹鹞 *Circus spilonotus*	II	+	W	Pa	湿、滩、林
91. 白尾鹞 *Circus cyaneus*	II	+	W	Pa	湿、滩、林
92. 大鵟 *Buteo hemilasius*	II	+	W	Pa	湿、滩、林
93. 普通鵟 *Buteo japonicus*	II	+	W	Pa	湿、滩、林
十二、鸮形目 Strigiformes					
（二十二）鸱鸮科 Strigidae					
94. 纵纹腹小鸮 *Athene noctua*	II	+	R	Pa	林、湿、田
95. 长耳鸮 *Asio otus*	II	+	W	E	林、湿、田
96. 短耳鸮 *Asio flammeus*	II	+	W	E	林、湿、田
十三、犀鸟目 Bucerotiformes					
（二十三）戴胜科 Upupidae					
97. 戴胜 *Upupa epops*		+	R	E	林、田、滩
十四、佛法僧目 Coraciiformes					
（二十四）翠鸟科 Alcedinidae					
98. 普通翠鸟 *Alcedo atthis*		+	R	E	林、湿
99. 冠鱼狗 *Megaceryle lugubris*		+	R	E	林、湿

种类	保护 级别	数量 等级	居留 类型	区系 从属	栖息环境
100. 斑鱼狗 *Ceryle rudis*		+	R	O	林、湿
十五、啄木鸟目 Piciformes					
（二十五）啄木鸟科 Picidae					
101. 斑姬啄木鸟 *Picumnus innominatus*	▲	+	R	O	林、滩
102. 灰头绿啄木鸟 *Picus canus*		+	R	E	林、滩
103. 大斑啄木鸟 *Dendrocopos major*		+	R	E	林、滩
十六、隼形目 Falconiformes					
（二十六）隼科 Falconidae					
104. 红隼 *Falco tinnunculus*	II	+	R	E	湿、滩、林
105. 红脚隼 *Falco amurensis*	II	+	P	Pa	湿、滩、林
106. 游隼 *Falco peregrinus*	II·2	+	W	Pa	湿、滩、林
十七、雀形目 Passeriformes					
（二十七）黄鹂科 Oriolidae					
107. 黑枕黄鹂 *Oriolus chinensis*	▲	+	S	E	林、田
（二十八）卷尾科 Dicruridae					
108. 黑卷尾 *Dicrurus macrocercus*		+	S	E	林、田、滩
109. 发冠卷尾 *Dicrurus hottentottus*		+	S	E	林、田、滩
（二十九）王鹟科 Monarchidae		+	S	E	林、田、滩
110. 寿带 *Terpsiphone incei*		+	S	E	林、田、滩
（三十）伯劳科 Laniidae					
111. 红尾伯劳 *Lanius cristatus*		+	S	E	林、田、滩
112. 棕背伯劳 *Lanius schach*		+	R	O	林、田、滩
113. 楔尾伯劳 *Lanius sphenocercus*		+	W	E	林、田、滩
（三十一）鸦科 Corvidae					
114. 灰喜鹊 *Cyanopica cyanus*		++	R	Pa	林、湿、田、滩
115. 喜鹊 *Pica pica*		+++	R	E	林、湿、田、滩
116. 秃鼻乌鸦 *Corvus frugilegus*		+	R	E	林、湿、田、滩
117. 小嘴乌鸦 *Corvus corone*		+	R	E	林、湿、田、滩
118. 大嘴乌鸦 *Corvus macrorhynchos*		+	R	E	林、湿、田、滩
（三十二）山雀科 Paridae					
119. 大山雀 *Parus cinereus*		+	R	E	林、田
（三十三）攀雀科 Remizidae					
120. 中华攀雀 *Remiz consobrinus*		+	W	E	林、田
（三十四）百灵科 Alaudidae					
121. 凤头百灵 *Galerida cristata*		+	W	Pa	田、滩
122. 短趾百灵 *Alaudala cheleensis*		+	W	Pa	田、滩

种类	保护级别	数量等级	居留类型	区系从属	栖息环境
123. 云雀 *Alauda arvensis*	II	+	W	E	田、滩
（三十五）扇尾莺科 Cisticolidae					
124. 棕扇尾莺 *Cisticola juncidis*		+	S	E	湿、滩
（三十六）苇莺科 Acrocephalidae					
125. 东方大苇莺 *Acrocephalus orientalis*		++	S	E	湿、滩
（三十七）燕科 Hirundinidae					
126. 崖沙燕 *Riparia riparia*		++	S	E	土崖、田、滩
127. 家燕 *Hirundo rustica*		++	S	E	田、滩
128. 金腰燕 *Cecropis daurica*		+	S	E	田、滩
（三十八）鹎科 Pycnonotidae					
129. 领雀嘴鹎 *Spizixos semitorques*		+	R	O	林、田、滩
130. 黄臀鹎 *Pycnonotus xanthorrhous*		+	R	O	林、田、滩
131. 白头鹎 *Pycnonotus sinensis*		++	R	O	林、田、滩
（三十九）柳莺科 Phylloscopidae					
132. 黄腰柳莺 *Phylloscopus proregulus*		+	P	E	林、滩
133. 黄眉柳莺 *Phylloscopus inornatus*		+	P	E	林、滩
（四十）树莺科 Cettiidae					
134. 强脚树莺 *Horornis fortipes*		+	R	O	林、滩
（四十一）长尾山雀科 Aegithalidae					
135. 银喉长尾山雀 *Aegithalos glaucogularis*		+	R	Pa	林、滩
136. 红头长尾山雀 *Aegithalos concinnus*		+	R	O	林、田
（四十二）莺鹛科 Sylviidae					
137. 棕头鸦雀 *Sinosuthora webbiana*		+	R	E	林、田、滩
138. 震旦鸦雀 *Paradoxornis heudei*	II	+	R	E	湿、滩
（四十三）噪鹛科 Leiothrichidae					
139. 画眉 *Garrulax canorus*	II	+	R	O	林、田
（四十四）椋鸟科 Sturnidae					
140. 八哥 *Acridotheres cristatellus*		+	R	O	林、田、滩
141. 灰椋鸟 *Spodiopsar cineraceus*		++	W	E	林、田、滩
（四十五）鸫科 Turdidae					
142. 乌鸫 *Turdus mandarinus*		+	R	E	林、田、滩
（四十六）鹟科 Muscicapidae					
143. 红胁蓝尾鸲 *Tarsiger cyanurus*		+	P	E	湿、林、滩
144. 北红尾鸲 *Phoenicurus auroreus*		+	R	Pa	湿、滩
145. 红尾水鸲 *Rhyacornis fuliginosa*		+	R	E	湿、滩
146. 白眉姬鹟 *Ficedula zanthopygia*		+	S	E	林、田、滩

种类	保护级别	数量等级	居留类型	区系从属	栖息环境
（四十七）雀科 Passeridae					
147. 麻雀 *Passer montanus*		+++	R	E	林、田、滩
148. 山麻雀 *Passer cinnamomeus*		+	R	E	林、田、滩
（四十八）鹡鸰科 Motacillidae					
149. 黄鹡鸰 *Motacilla tschutschensis*		+	S	E	湿、滩
150. 黄头鹡鸰 *Motacilla citreola*		+	P	E	湿、滩
151. 灰鹡鸰 *Motacilla cinerea*		+	P	E	湿、滩
152. 白鹡鸰 *Motacilla alba*		++	R	E	湿、滩
（四十九）燕雀科 Fringillidae					
153. 燕雀 *Fringilla montifringilla*		+	P	E	田、滩
154. 黑尾蜡嘴雀 *Eophona migratoria*		+	R	E	林、田
155. 黑头蜡嘴雀 *Eophona personata*		+	P	E	林、田
156. 金翅雀 *Chloris sinica*		+	R	E	林、田
（五十）鹀科 Emberizidae					
157. 三道眉草鹀 *Emberiza cioides*		+	R	E	林、田、滩
158. 白眉鹀 *Emberiza tristrami*		+	P	E	林、田、滩
159. 黄喉鹀 *Emberiza elegans*		+	R	E	林、田、滩
160. 灰头鹀 *Emberiza spodocephala*		+	W	E	林、田、滩
161. 苇鹀 *Emberiza pallasi*		+	W	E	林、田、滩
162. 小鹀 *Emberiza pusilla*		+	W/P	E	林、田、滩

注：

1. 保护级别：Ⅰ表示一级保护；Ⅱ表示二级保护；▲表示河南省重点保护。

2. 附录等级：1表示附录Ⅰ；2表示附录Ⅱ。

3. 濒危等级：C表示极危；E表示濒危；V表示易危；NT表示近危。

4. 数量等级：（+++）表示优势种；（++）表示普通种；（+）表示稀有种。

5. 居留类型：R表示留鸟；P表示旅鸟；S表示夏候鸟；W表示冬候鸟；R/S表示以留鸟为主，部分为夏候鸟；R/W表示以留鸟为主，部分为冬候鸟；W/R表示以冬候鸟为主，部分为留鸟。

6. 区系丛属：E表示广布种；Pa表示古北种；O表示东洋种。

7. 栖息环境：林表示林地灌丛；田表示农田村庄；湿表示沼泽水域；滩表示荒滩草地。

附表Ⅱ 中国国际重要湿地名录（截至2020年）

Table Ⅱ The List of Wetlands of International Importance in China

编号	名 称	列入时间（年）	面积（hm²）	海拔（m）	地理坐标
1	黑龙江扎龙国家级自然保护区	1992	210 000	143	47º12'N 124º12'E
2	吉林向海国家级自然保护区	1992	105 467	156～192	44º02'N 122º41'E
3	青海湖国家级自然保护区	1992	495 200	3 185～3 250	36º50'N 100º10'E
4	江西鄱阳湖国家级自然保护区	1992	22 400	12～18	29º10'N 115º59'E
5	湖南东洞庭湖国家级自然保护区	1992	190 000	30～35	29º19'N 112º59'E
6	海南东寨港国家级自然保护区	1992	5 400	0	19º59'N 110º35'E
7	香港米埔－后海湾湿地	1995	1 500	0	22º30'N 114º02'E
8	黑龙江三江国家级自然保护区	2002	198 000	50	47º56'N 134º20'E
9	黑龙江兴凯湖国家级自然保护区	2002	222 488	59～81	45º17'N 132º32'E
10	黑龙江洪河国家级自然保护区	2002	21 836	51.5～54.5	47º49'N 133º40'E
11	内蒙古达赉湖国家级自然保护区	2002	740 000	545～784	48º33'N 117º30'E
12	内蒙古鄂尔多斯遗鸥国家级自然保护区	2002	14 770	1 440	39º48'N 109º35'E
13	大连斑海豹国家级自然保护区	2002	11 700	0～328.7	39º15'N 121º15'E
14	江苏盐城国家级珍禽自然保护区	2002	453 000	1.3～3	33º31'N 120º22'E
15	江苏大丰麋鹿国家级自然保护区	2002	78 000	1～2	33º05'N 120º49'E
16	上海市崇明东滩鸟类自然保护区	2002	32 600	0～5	31º38'N 121º58'E
17	湖南南洞庭湖省级自然保护区	2002	168 000	285～33.5	28º50'N 112º40'E
18	湖南汉寿西洞庭湖省级自然保护区	2002	35 680	20.5～58.6	29º01'N 112º05'E
19	广东惠东港口海龟国家级自然保护区	2002	400	−10～25	22º33'N 114º54'E
20	广西山口红树林国家级自然保护区	2002	4 000	3	21º28'N 109º43'E
21	广东湛江红树林国家级自然保护区	2002	20 279	1～3	20º54'N 110º08'E
22	辽宁双台河口湿地	2005	128 000	0～4	41º00'N 121º47'E
23	云南大山包湿地	2005	3 150	2 210～3 364	27º24'N 103º20'E
24	云南碧塔海湿地	2005	2 000	3 568	27º42'N 100º01'E
25	云南纳帕海湿地	2005	3 434	3 260	27º51'N 99º38'E
26	云南拉什海湿地	2005	1 443	2 440～3 100	26º53'N 100º08'E

续表

编号	名　称	列入时间（年）	面积（hm²）	海拔（m）	地理坐标
27	青海鄂陵湖湿地	2005	64 900	4 268.7	34º56'N 97º43'E
28	青海扎陵湖湿地	2005	52 600	4273	34º55'N 97º16'E
29	西藏麦地卡湿地	2005	43 400	4 800～5 000	31º08'N 93º00'E
30	西藏玛旁雍错湿地	2005	73 700	4 500～6 500	30º44'N 81º19'E
31	福建漳江口红树林国家级自然保护区	2008	2 360	−6～8	23º53'～23º57'N, 117º21'～117º30'E
32	广西北仑河口国家级自然保护区	2008	3 000	−1～2	21º31'～21º37'30"N, 108º00'30"～108º16'30"E
33	广东海丰公平大湖省级自然保护区	2008	11 590	0～300	22º50'～23º07'25"N, 115º11'41"～115º37'E
34	湖北洪湖湿地	2008	41 412	20.7～28.5	29º42'～29º59'N, 113º12'～113º30'E
35	上海市长江口中华鲟自然保护区	2008	3 760	0	31º28'～31º33'N, 122º03'～122º08'E
36	四川若尔盖湿地国家级自然保护区	2008	166 570	3 422～3 704	33º25'～34º00'N, 102º28'～102º59'E
37	浙江杭州西溪国家湿地公园	2009	325		30º16'N 120º03'E
38	黑龙江省七星河国家级自然保护区	2011	20 000		46º44'18"N 132º13'53"E
39	黑龙江南瓮河国家级自然保护区	2011	229 523		51º19'14"N 125º22'52"E
40	黑龙江省珍宝岛湿地国家级自然保护区	2011	44 364		46º07'40"N 133º38'14"E
41	甘肃省尕海-则岔国家级自然保护区	2011	247 431		34º16'40"N 102º26'53"E
42	山东黄河三角洲国家级自然保护区	2013	153 000		37º35'～38º12'N, 118º33'～119º207'E
43	黑龙江东方红湿地国家级自然保护区	2013	46 618		
44	吉林莫莫格国家级自然保护区	2013	144 000		45º42'25"～46º18'00"N, 123º27'00"～124º04'33.7"E
45	湖北神农架大九湖湿地	2013	9 320	1 770～1 800	31º34'～31º33'N, 109º56'～110º11'E
46	武汉沉湖湿地自然保护区	2013	11 579.1		30º15'10"~30º24'44"N, 113º44'07"~113º55'39"E
47	安徽升金湖国家级自然保护区	2015	33 340	11	30º15'～30º30'N, 116º55'～117º15'E
48	广东南澎列岛海洋生态国家级自然保护区	2015	35 679		23º10'47"～23º23'25N, 117º06'26"～117º23'44"E

编号	名　称	列入时间（年）	面积（hm²）	海拔（m）	地理坐标
49	张掖黑河湿地国家级自然保护区	2015	41 000	1 200 ～ 1 500	38°57'54" ～ 39°52'30N，99°19'21" ～ 100°34'48"E
50	内蒙古大兴安岭汗马国家级自然保护区	2017	107 348		
51	黑龙江友好国家级自然保护区	2017	60 687		48°13'07" ～ 48°33'15"N，128°10'15" ～ 128°33'25"E
52	吉林哈泥国家级自然保护区	2017	22 230	557 ～ 1 212	42°04'12" ～ 42°14'30"N，126°04'09" ～ 126°33'30"E
53	山东济宁市南四湖省级自然保护区	2017	12 7547	36	34°27' ～ 35°20'N，116°34' ～ 117°E
54	湖北网湖湿地省级自然保护区	2017	20 495		29°45'11" ～ 29°56'38"N，115°14'00" ～ 115°25'42"E
55	四川长沙贡玛国家级自然保护区	2017	669 758.9	4 389 ～ 5 249.4	33°18'00" ～ 34°12'36"N，97°22'12" ～ 98°39'36"E
56	西藏色林错国家级自然保护区	2017	1 893 636		
57	甘肃盐池湾国家级自然保护区	2017	136 000	3 000	38°26' ～ 39°52'N，95°21' ～ 97°10'E
58	天津北大港湿地	2020	34 887		38°36' ～ -38°57'N，117°11' ～ 117°37'E
59	内蒙古毕拉河国家级自然保护区	2020	5 660		49°19'39.5" ～ 49°38'29.7"N，123°04'28.9" ～ 123°29'16.1"E
60	黑龙江哈东沿江湿地省级自然保护区	2020	10 725		
61	江西鄱阳湖南矶湿地国家级自然保护区	2020	33 300	12 ～ 40	28°53'N 116°19'E
62	河南民权黄河故道国家湿地公园	2020	2 303.5		34°37'16" ～ 34°42'48"N，115°11'56" ～ 115°25'41"E
63	西藏扎日南木错湿地	2020	142 900	4 613	30°44' ～ 31°05'N，85°19' ～ 85°54'E
64	甘肃黄河首曲国家级自然保护区	2020	132 067		33°20'01" ～ 33°56'31"N，101°54'12" ～ 102°28'45"E

附录Ⅲ　国家林业和草原局关于 2020 年新增 7 处国际重要湿地的公告

国家林业和草原局
公 告

2020 年第 15 号

为有效履行《关于特别是作为水禽栖息地的国际重要湿地公约》（以下简称《湿地公约》），根据《湿地公约》第二条第一款规定，我国于 2020 年 2 月 3 日指定天津北大港、河南民权黄河故道、内蒙古毕拉河、黑龙江哈东沿江、甘肃黄河首曲、西藏扎日南木错、江西鄱阳湖南矶共 7 处湿地为国际重要湿地，经《湿地公约》秘书处按程序核准已列入《国际重要湿地名录》，生效日期为指定日——2020 年 2 月 3 日。

截至 2020 年 9 月，我国国际重要湿地数量达 64 处。

特此公告。

国家林业和草原局
2020 年 9 月 4 日

附录Ⅳ　河南民权黄河故道湿地被指定为国际重要湿地证书

This is to certify that

Henan Minquan Yellow River Gudao Wetlands

has been designated as a

Wetland of International Importance

and has been included in the
List of Wetlands of International Importance
established by Article 2.1 of the Convention.
This is site No: 2426

Date of designation: *3 February 2020*

Martha Rojas Urrego
Secretary General
Convention on Wetlands

主要参考文献

[1] 郑光美 . 中国鸟类分布与分布名录 [M]. 3 版 . 北京 : 科学出版社，2018.

[2] 张孚允，杨若莉 . 中国鸟类迁徙研究 [M]. 北京 : 中国林业出版社，1997.

[3] 郑光美 . 鸟类学 [M]. 北京 : 北京师范大学出版社，2012.

[4] 中国观鸟年报编辑 . 中国观鸟年报 . 中国鸟类名录 8.0 版 .2020.

[5] 赵欣如 . 中国鸟类图鉴 [M]. 北京 : 商务印书馆， 2018.

[6] 李长看，李杰，邓培渊，等 . 民权黄河故道湿地国家公园鸟类区系和多样性分析 [J]. 河南农
业大学学报，2019，53（4）：591－ 600.

[7] 李长看，张艺凡，李杰，等 . 河南陈桥湿地青头潜鸭的繁殖生态研究 [J]. 河南农业大学学报，
2020，59（2）：269–275.

[8] 李长看，赵海鹏，邓培渊，等 . 郑州黄河湿地省级自然保护区鸟类区系和多样性 [J]. 河南大
学学报 (自然科学版)， 2013，43（4）：416–422.

[9] 李长看，王文林，王恒瑞，等 . 郑州黄河湿地鸟类区系调查 [J]. 河南农业大学学报，2009，43(4)：
426–431.

[10] 张艺凡，李杰，李长看，等 . 河南省域青头潜鸭的分布及种群变动 [J]. 河南科学，2020，38(11)：
1768–1775.

[11] 王慧，候长江，李长看，等 . 三门峡湿地青头潜鸭的栖息地选择及种群变动 [J]. 河南林业科技，
2021，41（1）：24–27.

[12] BirdLife International. IUCN Red List for birds. 2020.

中文名索引

拉丁名索引